[개정판]

산업패턴설계

여성복 2

(재킷·베스트·점퍼·코트)

나미향·허동진·이정순·정복희·김정숙 공저

교학연구사

저자약력

나미향
청주대학교 예술대학 디자인조형학부 아트앤패션 교수

허동진
한국산업패턴연구소 대표

이정순
(前) 상명대학교 디자인학부 패션디자인전공 교수

정복희
(前) 충청대학 인체예술학부 패션산업디자인과 교수

김정숙
서원대학교 휴먼서비스대학 패션의류학과 명예 교수

[개정판]

산업패턴 설계
여성복 2
(재킷·베스트·점퍼·코트)

개정판 1쇄　2020년 3월 16일

지은이 나미향, 허동진, 이정순, 정복희, 김정숙
펴낸이 양진숙 | 펴낸곳 교학연구사
주소 서울특별시 마포구 마포대로 14길 4(공덕동 105-67)
전화 02-711-0941(영업부) | 팩스 02-703-1140
Home page http://www.교학연구사.com
등록 제10-17호(1980. 4. 14) | 정가 20,000원

ⓒ 나미향, 허동진, 이정순, 정복희, 김정숙, 2020
ISBN 978-89-354-0595-4　93590

머리말

개인의 맞춤복에서 시작된 의복은 오늘날 기성복으로 대량생산되고 있다. 이에 발맞추어 의복 패턴도 많은 변화와 발전이 있었다. 기성복 패턴은 일반적인 대부분의 사람에게 잘 맞을 수 있도록 표준 체형에 착의 실험을 거쳐 완성된 마스터 패턴에 의해 대량 생산으로 이어지며 산업 패턴의 기초가 된다. 여성복 I(스커트, 바지, 블라우스, 원피스)에 이어 이번에 여성복 II(재킷, 베스트, 점퍼, 사파리, 코트)를 개정하게 되었다.

이 책의 특징은

● 개인의 맞춤복은 물론이고 기성복을 위한 패턴을 보급하고자 하는 의도에서 산학 협동에 의하여 집필되었으며, 잘못되었거나 불분명했던 오류를 수정하였다.

● 대학의 교육적인 측면과 아울러 산업체에 근무하는 분에게도 도움이 되는 내용을 수록하여 산·학이 실제로 연계될 수 있으며, 대학 수업을 통해서 현장 패턴의 실체를 파악할 수 있도록 하였다.

● 패턴의 기본 골격은 기성복 제작을 위한 것으로 정상 체형뿐만 아니라 반신 체형, 굴신 체형에도 적합한 패턴으로 설계되었다.

● 아이템별로 기성복 제작에서 반드시 알고 있어야 하는 것을 기본으로 하여 시접이 들어간 겉감, 안감의 산업 패턴, 그레이딩 등을 다루어 현장 패턴의 이해를 높일 수 있도록 하였다.

● 패턴 설계는 실제 사이즈의 1/5 또는 1/4로 축소 편집하였다.

이 책이 나오기까지 성의를 다해 도와주신 많은 분과 특히 일러스트를 담당해주신 청주대학교 이수아 선생님과 도식화를 맡아준 청주대학교 대학원생 정혜순에게 진심으로 감사를 드립니다.

2020년 3월 저자 일동

차   례

제1장   인체계측

제2장   재킷

제3장   베스트

제4장 점퍼·사파리

제5장 코트

제1장 인체계측

1. 인체계측

1) 계측준비

① 정확한 기준점 및 기준선을 표시한다.
② 계측자세는 척추와 무릎을 곧게 한 정상자세로 하여 좌우 발꿈치는 붙이고 발끝은 30° 정도 벌린 자세로 한다.
③ 착의상태는 겉옷의 용도에 따라 속옷을 갖추어 입는다.

(1) 기준점

① 목뒤점

제7경추의 중앙점으로 목을 앞으로 구부렸을 때 튀어나온 부위를 손으로 가볍게 누르고 목을 바로 한 후 점을 찍어 표시한다.

② 어깨끝점

팔을 옆으로 들어올렸을 때 근육과 어깨뼈 사이가 움푹 들어가는 어깨끝점을 표시한다.

③ 뒤겨드랑점

인체의 뒷면에서 팔을 내렸을 때 팔과 체간부의 경계에 생기는 주름의 시작점

④ 목옆점

목밑둘레선과 어깨솔기선이 만나는 곳의 점

⑤ 목앞점

목밑둘레의 앞중앙에 위치하는 점

⑥ 앞겨드랑점

팔을 내렸을 때 팔과 체간부의 경계에 생기는 주름의 시작점

⑦ 팔꿈치점

팔꿈치를 구부렸을 때 가장 돌출한 중앙점

⑧ 손목점

손목의 위치에서 새끼손가락에 있는 돌기점

⑨ 무릎점

무릎의 중앙점

⑩ 발목점

복사뼈의 돌출한 중앙점

(2) 기준선

Ⅰ. 목밑둘레선

목뒤점에서 목옆점, 목앞점까지의 목밑둘레선을 표시한다.

Ⅱ. 허리둘레선

허리의 가장 가는 곳에 0.5cm 계측용 고무밴드를 한다.

Ⅲ. 진동둘레선

어깨끝점에서 겨드랑점을 지나는 팔둘레선을 표시한다.

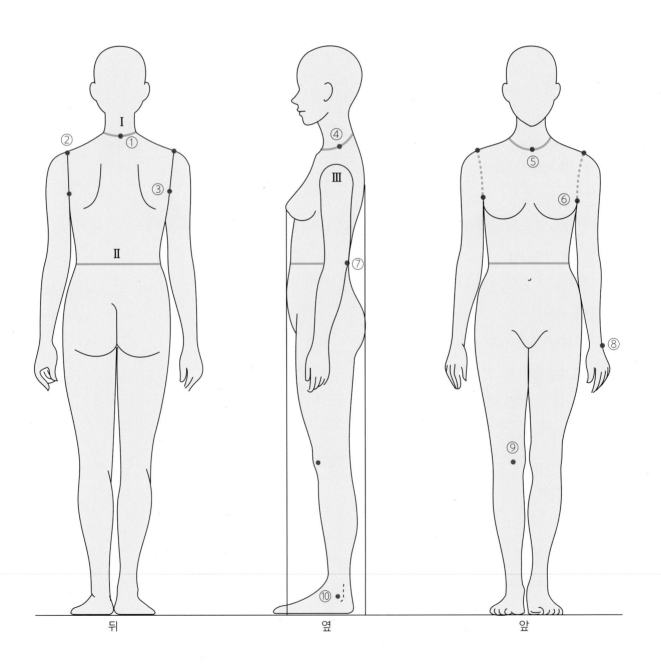

<기준점과 기준선>

2) 계측순서 및 계측방법

합리적인 계측을 위하여 일반적으로 뒤를 먼저 재고 앞을 잰다.

계측 순서	인체의 면	계측 항목	계측 방법
①	뒷면	뒤품	좌·우의 겨드랑 사이
②		어깨 너비	목뒤점을 통과하는 좌·우 어깨끝점 사이의 길이
③		등길이	목뒤점에서 허리둘레선까지의 길이
④		재킷길이	목뒤점에서 원하는 재킷길이(엉덩이선을 기준으로 디자인에 따라 정한다.)
⑤		코트길이	목뒤점에서 원하는 코트길이
⑥	옆면	소매길이	어깨끝점에서 손목점까지의 길이
⑦	앞면	앞품	가슴 좌·우의 겨드랑 사이의 길이
⑧		유폭	좌·우의 유두점 사이의 길이
⑨		유장	목옆점에서 유두점까지의 길이
⑩		앞길이	목옆점에서 유두점을 통과하여 허리둘레선까지의 길이
⑪		가슴둘레	유두점을 지나는 수평둘레
⑫		허리둘레	허리의 가장 가는 부위에 손가락을 넣어서 잰 수평둘레
⑬		엉덩이둘레	엉덩이의 가장 굵은 부위에서 수평을 유지하면서 손가락 하나를 넣어 가볍게 둘러 잰다. 이 때 배가 나온 체형이나 대퇴부가 발달된 체형은 여유분을 포함시켜 계측한다.
⑭	뒷면	엉덩이길이	허리둘레선에서 엉덩이둘레선 사이의 직선길이

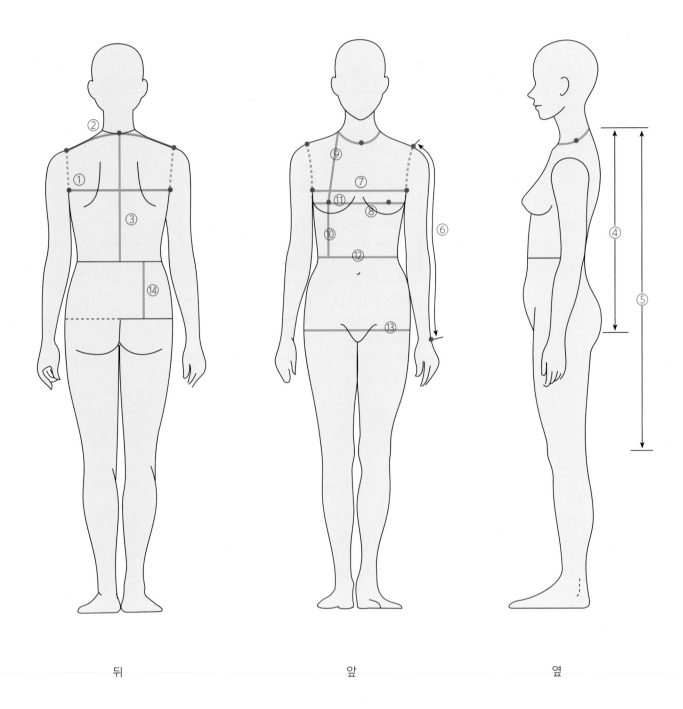

뒤   앞   옆

<계측순서 및 계측방법>

2. 제도에 사용되는 부호

기 호	항 목	내 용
————————	안내선	목적의 선을 그리기 위한 선
▬▬▬▬▬▬	완성선	패턴의 완성선
—·—·—·—	안단선	안단패턴을 표시하기 위한 선
✂	절개선	M.P시킨 부위에 대응하여 가위질을 해야 함을 나타내는 표시
— — — — — — ·	꺾임선	꺾임선, 접은선 표시
▬ ▬ ▬ ▬	곬선	원단을 두 겹으로 겹쳐 놓고 재단해야 하는 부위를 표시
- - - - - - - - -	스티치선	스티치의 봉제시작 부분과 끝부분에 이용한다. 스티치의 폭과 간격을 제시하여야 한다.
⌒⌒	등분선	등분을 표시하여 부호를 붙이는 경우도 있다.
◄─────►	올방향·식서방향	옷감의 올을 표시한다.
✕	바이어스 표시	45°정바이어스 재단을 해야 할때 표시
──────►	털방향	털의 결방향을 표시

기 호	항 목	내 용
	직각표시	직각이 요구되는 부위에 표시
	다트표시	완성하면 봉제선이 나타난다.
	다트 접음표시	원단에 재단할 때 먼저 접음으로써 완성하면 봉제선이 나타나지 않는다.
	심지표시	심지부착의 지시선
	늘림	늘림위치의 표시 (다리미를 이용)
	오그림	오그림 표시 (다리미를 이용)
	줄이기	이즈(ease) 처리하는 부분의 표시
	개더	개더 넣는 위치 표시
	선의 교차	디자인선이 들어가면서 패턴이 겹쳐지는 부위를 표시
	패턴 맞춤표시	두 패턴을 맞추어서 하나로 재단
	외주름	사선방향은 주름방향을 표시
	맞주름	마주 보는 주름을 표시
	턱표시	턱의 방향표시

3. 제도에 사용되는 약자

약 어	원 어	설 명
F.N.P	Front Neck Point	목앞점
B.N.P	Back Neck Point	목뒤점
S.N.P	Side Neck Point	목옆점
B.P	Bust Point	유두점
S.P	Shoulder Point	어깨끝점
C.L	Center Line	중심선
C.F.L	Center Front Line	앞중심선
C.B.L	Center Back Line	뒤중심선
S.S	Side Seam	옆솔기
B	Bust	가슴둘레
W	Waist	허리둘레
H	Hip	엉덩이둘레
A.H	Arm Hole	진동둘레
F.A.H	Front Arm Hole	앞진동둘레
B.A.H	Back Arm Hole	뒤진동둘레
N.L	Neck Line	목둘레선(네크라인)
B.L	Bust Line	가슴선
W.L	Waist Line	허리선
H.L	Hip Line	엉덩이선
Cr.L	Crotch Line	밑위선
K.L	Knee Line	무릎선
Hm.L	Hem Line	밑단선
E.L	Elbow Line	팔꿈치선
S.L	Sleeve Length	소매길이
Fn	Front notch	앞진동 맞춤표시
Bn	Back notch	뒤진동 맞춤표시

4. 제도 측정 용구

	연필· 지우개	
	방안자	투명하여 치수읽기에 적합하므로 평행선을 그리거나 시접표시에 사용한다.
	곡자	인체의 완만한 곡면을 나타낼때 사용한다.
	직각자	뒷면에는 1/2, 1/3, 1/4, 1/6의 치수가 표시되어 있어 패턴제도 시 편리하다.
	줄자	인체의 계측이나 치수를 잴 때 사용한다.
	커브자	진동둘레, 소매산 그릴 때 사용한다.
	축도자	패턴을 1/4 혹은 1/5 축도로 그릴 때 사용된다.
	너치	패턴제도 후 너치가 필요한 부위에 사용한다.

5. 재단 용구

	룰렛	제도한 것을 다른 종이에 옮기거나 안감에 표시할 때 사용한다.
	송곳	겉감의 제도선을 옮길 때, 옷감을 겹쳐 놓은 상태에서의 다트위치·포켓위치를 표시할 때 사용한다.
	쵸크펜슬	심이 쵸크로 된 연필로 가는선을 표시하는 데 사용한다.
	쵸크·쵸크페이퍼	맞춤표시나 본뜨기할 때 사용한다.
	누름쇠	마킹할 때 천과 패턴이 따로 움직이지 않도록 눌러서 고정시킬 때 사용한다.
재단가위 종이가위	재단가위 종이가위	천 재단용 가위와 패턴지 제도용 가위는 구별하여 사용하여야 한다.
	핑킹가위	올의 끝이 잘 풀리지 않도록 천의 시접을 처리할 때 사용한다.
	핀·핀쿠션	바느질할 부분을 미리 핀으로 고정시키는 데 사용한다.

상의 제작을 위한 계측순서와 부위

① 가슴둘레
② 허리둘레
③ 엉덩이둘레
④ 소매길이
⑤ 앞품
⑥ 유폭
⑦ 유장
⑧ 앞길이
⑨ 뒤품
⑩ 어깨너비
⑪ 등길이
⑫ 상의길이

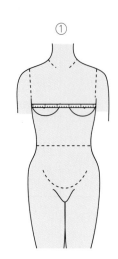
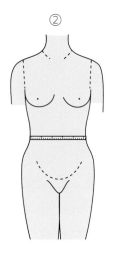
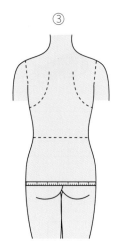
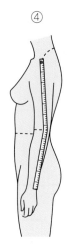

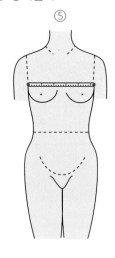
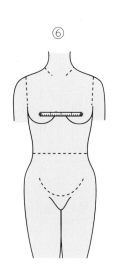
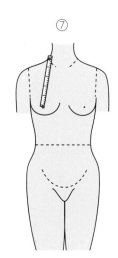
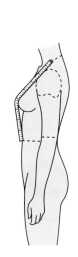
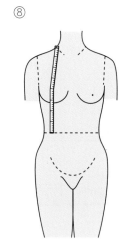

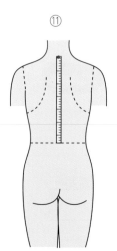
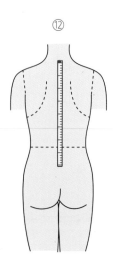

제2장 재킷

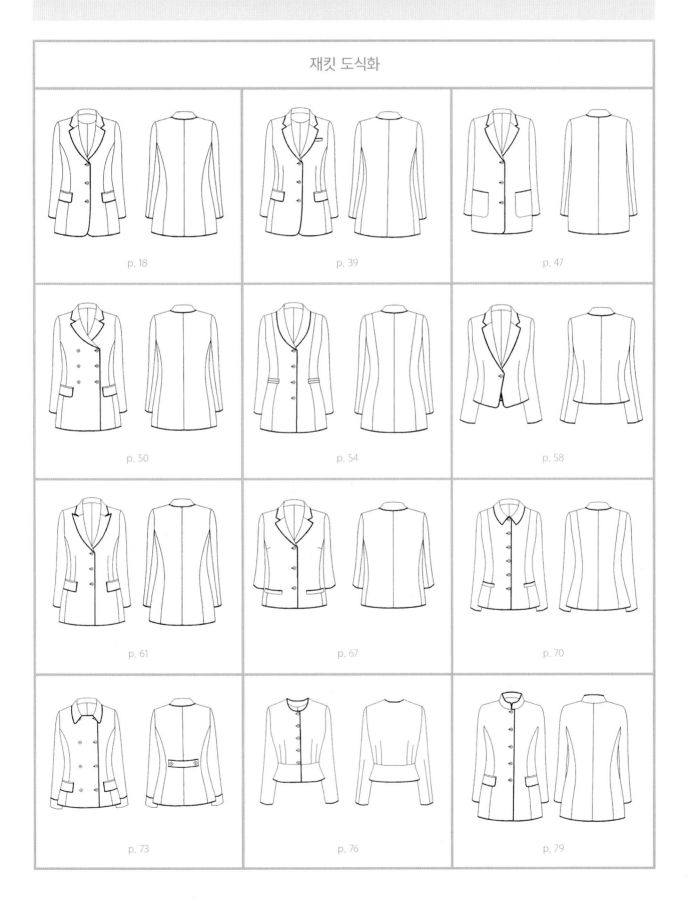

재킷 도식화
p. 18
p. 39
p. 47
p. 50
p. 54
p. 58
p. 61
p. 67
p. 70
p. 73
p. 76
p. 79

1. 기본 암홀프린세스라인 재킷

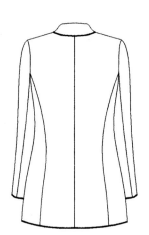

(단위 : cm)

부위	신체 치수	제품 치수
가슴둘레	86	96
허리둘레	66	72
엉덩이둘레	92	96
재킷길이		66
소매길이		58

1단계 : 몸판(뒤)

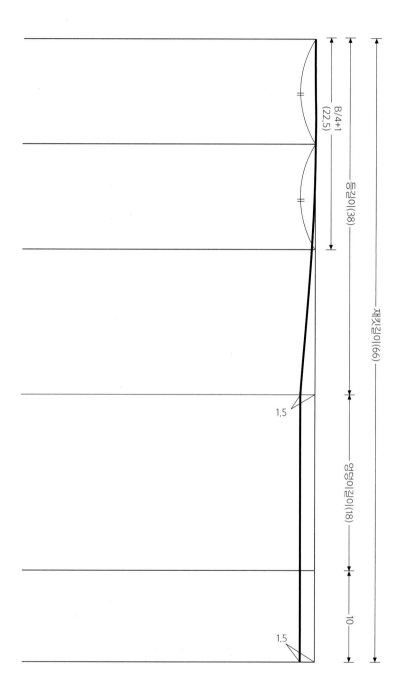

(1/4 축도)

① 가슴선, 등길이, 엉덩이길이, 재킷길이를 설정하여 기준선을 그린다.

② 허리선에서 1.5cm, 재킷길이에서 1.5cm 들어간 점을 사선으로 연결한다.

③ 가슴선의 1/2점을 설정하고 뒤중심선의 곡선을 그린다.

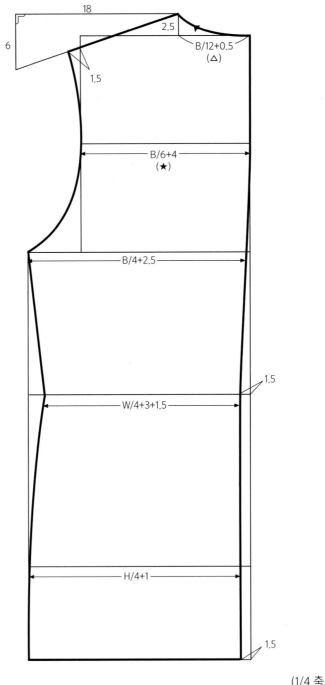

(1/4 축도)

④ 뒤중심선에서 가슴둘레선(B/4+2.5), 뒤품선(B/6+4)을 설정하여 수직선을 그린다.

⑤ 뒷목둘레 : 뒷목너비(B/12+0.5)에서 2.5cm 올려서 뒷목둘레선 그리기

⑥ 뒤어깨선 : 옆목점에서 어깨선(18cm, 6cm)을 사선으로 긋고 뒷품선에서 1.5cm 나간점

⑦ 진동둘레선 그리기

⑧ 옆선그리기 : 허리선(W/4+다트량 : 3cm+여유량 : 1.5cm)을 설정하여 옆선의 곡선을 그린다.

2단계 : 암홀프린세스라인 그리기

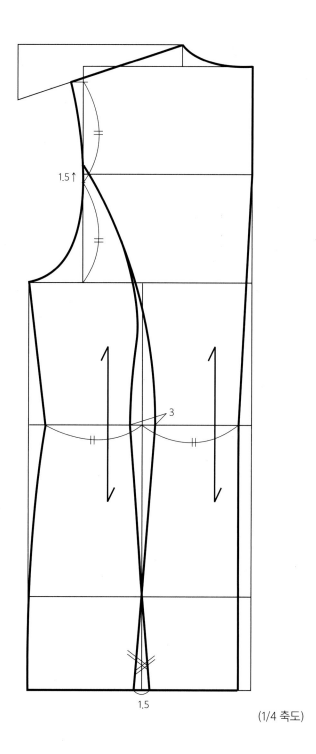

1.5↑

3

1.5

(1/4 축도)

⑨ 다트중심선 : 허리선의 1/2선을 다트 중심선으로 한다.

⑩ 암홀프린세스라인 : 진동깊이의 1/2선에서 1.5cm 올린 위치와 다트중심선에서 다트량을 2등분하여
프린세스라인을 그린다.

1단계 : 몸판(앞)

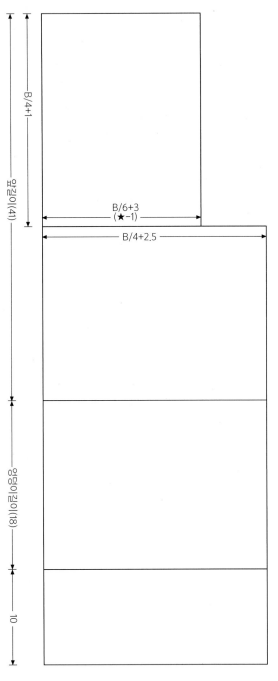

(1/4 축도)

① 가슴선, 앞길이, 재킷길이, 엉덩이길이를 설정하여 기준선을 그린다.

② 가슴둘레선(B/4+2.5), 앞품선(B/6+3)을 설정하여 수직선을 그린다.

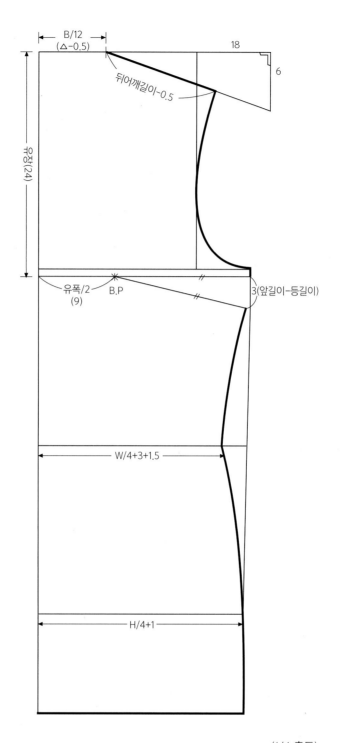

B/12
(△-0.5)

18

6

뒤어깨길이~0.5

유장(24)

유폭/2
(9)

B.P

3(앞길이-등길이)

W/4+3+1.5

H/4+1

(1/4 축도)

③ 앞목너비(뒷목너비-0.5) 설정

④ 앞어깨선 : 옆목점에서 18cm 나가서 직각으로 6cm 내린점을 사선으로 연결하여
  뒤판의 어깨길이-0.5cm를 놓는다.

⑤ 진동둘레선 그리기

⑦ 옆선다트 설정

⑧ 옆선그리기 : 허리선(W/4+3 : 다트량+1.5 : 여유량)설정하여 옆선 그리기

2단계 : 암홀프린세스라인 및 라펠그리기

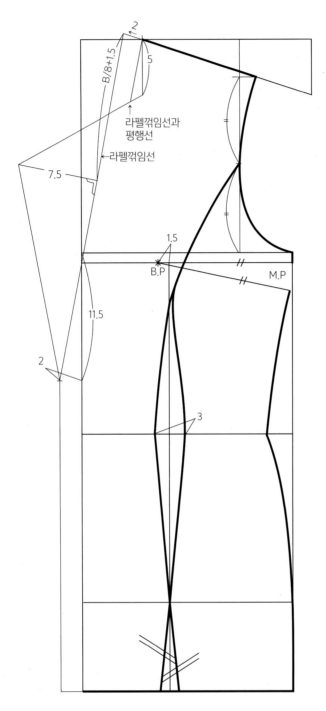

(1/4 축도)

⑨ 다트중심선 : B.P에서 1.5cm 옆선으로 이동한 위치에서 수직선을 그린다.

⑩ 암홀프린세스라인 : 진동깊이의 1/2위치와 다트중심선에서 다트량을 2등분하여 프린세스라인을
   그린다.

3단계 : 칼라·포켓

테일러드 칼라 제도

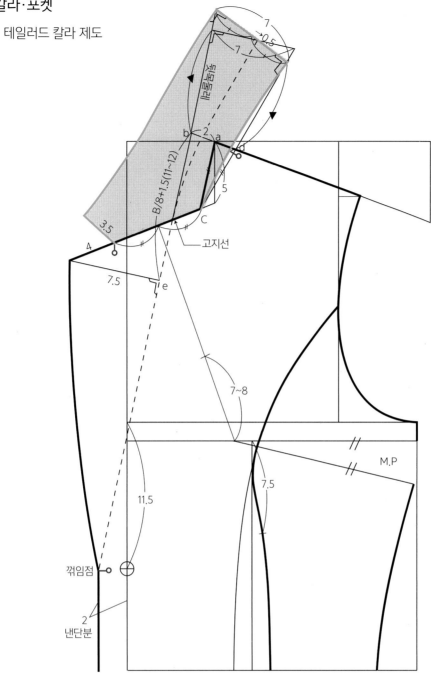

(1/3 축도)

① 꺾임선 : 옆목점(a)에서 2cm 나간 점(b)과 꺾임점(가슴둘레선에서 11.5cm 내린 점을 연결한다.)

② 라펠그리기 : b에서 B/8+1.5cm(e) 내린 점에서 직각으로 7.5cm 폭(b∼e의 길이는 꺾임점과 라펠에 따라 B/8+1∼3cm로 조정)

③ a에서 5cm의 수직선을 내려 라펠과 연결(수직선 5cm는 칼라의 고지선의 느낌에 따라 조정)

④ a에서 꺾임선과 평행선을 그린다(c).

⑤ b에서 뒷목둘레(▲)나가서 직각선으로 뒷칼라높이(7cm) 나간 점과 C와 연결

⑥ 몸판의 네크라인(ac) = 칼라의 네크라인(cd)

⑦ 칼라 외곽선 : d에서 뒷목둘레(▲) 나가서 직각선으로 뒷칼라 높이를 그리고 칼라 외곽선 완성

⑧ 꺾임선 표시 : 뒷칼라높이의 1/2에서 0.5cm 이동하여 뒷칼라 높이에서 직각으로 시작하여 라펠 꺾임선과 연결

포켓 제도

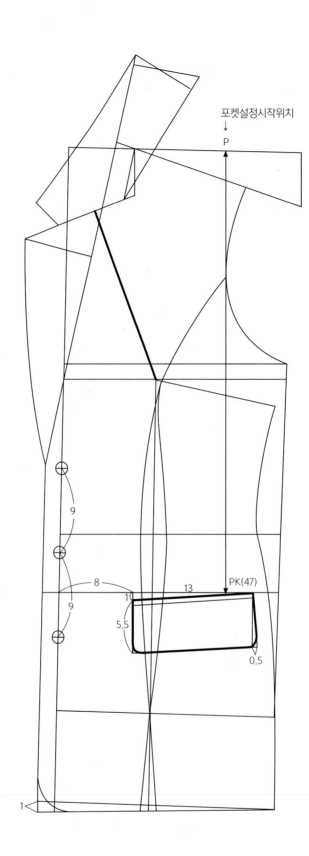

① P 에서 47cm 내린 위치에 허리선과 평행선을 그린다.

② 앞중심선에서 8cm 들어온 위치에 앞중심선과의 평행선을 그린다.

③ 포켓의 크기 : 13cm, 5.5cm에 1cm 경사의 포켓을 그린다.

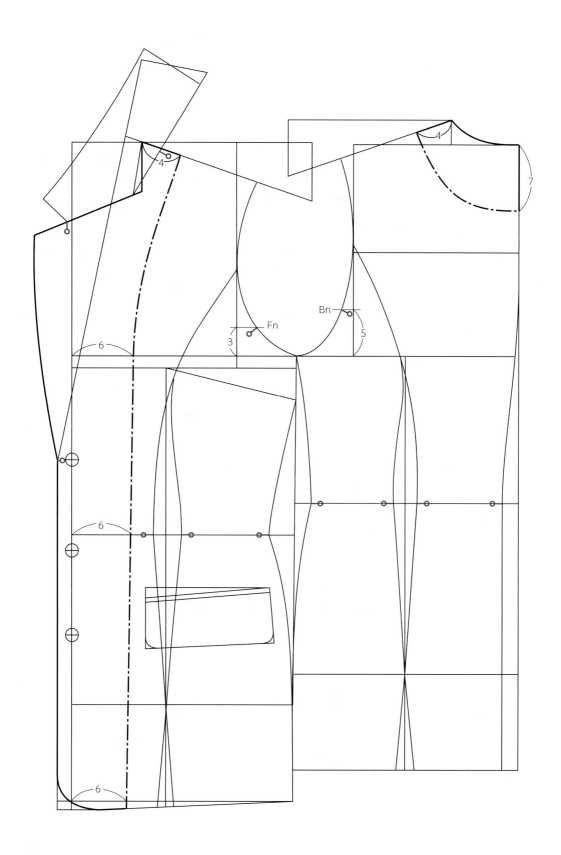

5단계 : 가슴다트 이동

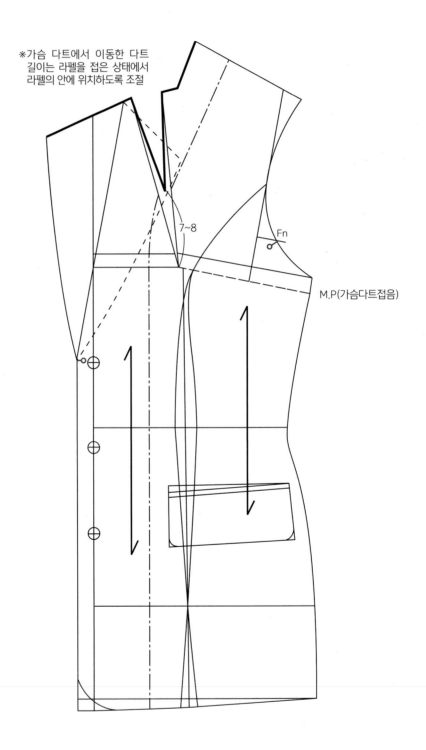

※가슴 다트에서 이동한 다트
　길이는 라펠을 접은 상태에서
　라펠의 안에 위치하도록 조절

7~8

Fn

M.P(가슴다트접음)

소매

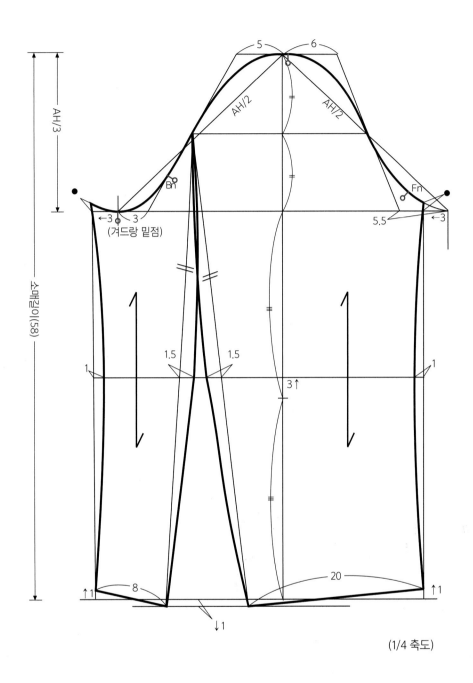

(1/4 축도)

(2장 소매 제도법)

① 기본 소매를 제도한다.

    ※소매산 너치점 : (소매 앞AH – 몸판 앞AH)과 (소매 뒤AH–몸판 뒤AH)의 차이를 이등분한 점

② 앞소매둘레폭에서 3cm 뒤소매로 이동

③ 소매부리선 설정 : 큰소매부리폭 20cm의 경우 1/2이 되는 10cm가 소매부리 안내선의 가로선과

             만나는 점을 지나게 하여 소매부리선을 그린다.

산업패턴 (겉감)

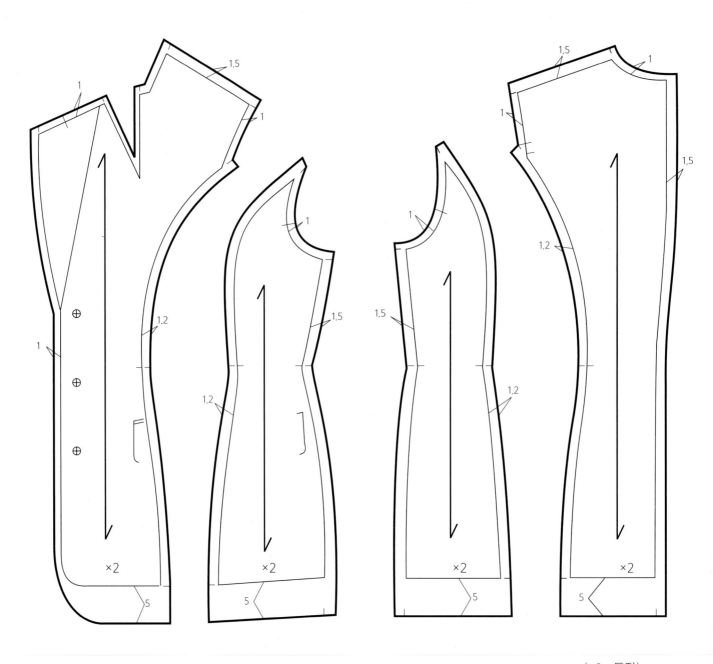

(×2 : 두장)

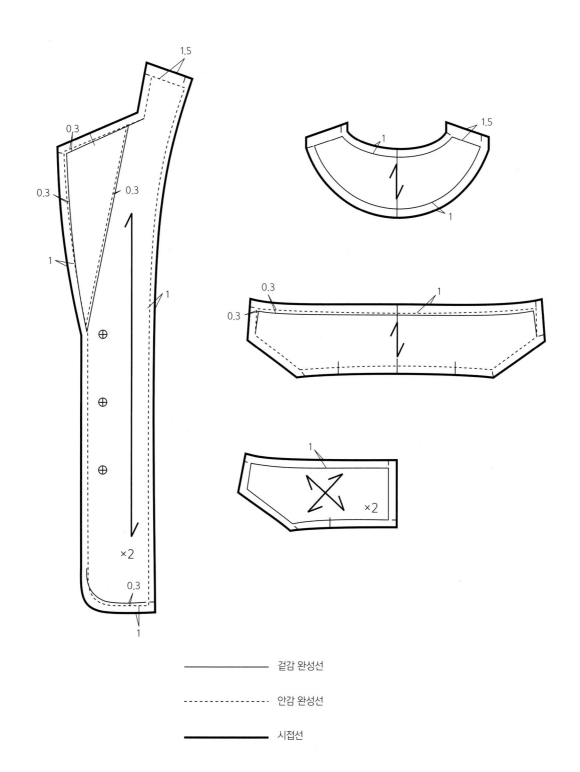

─────────────── 겉감 완성선

- - - - - - - - - - 안감 완성선

━━━━━━━━ 시접선

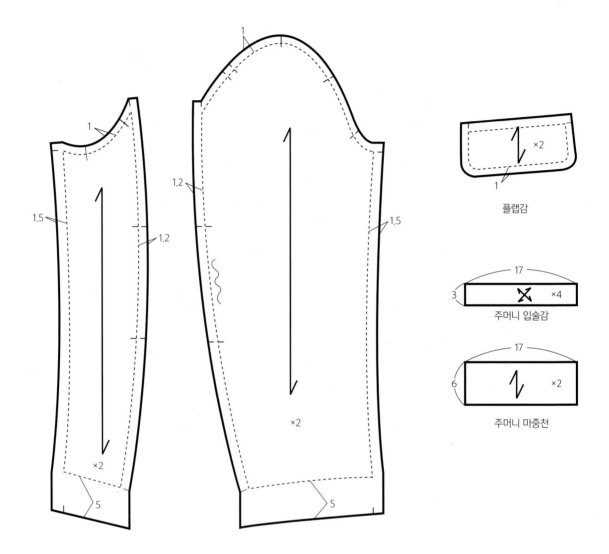

플랩감

주머니 입술감

주머니 마중천

안감

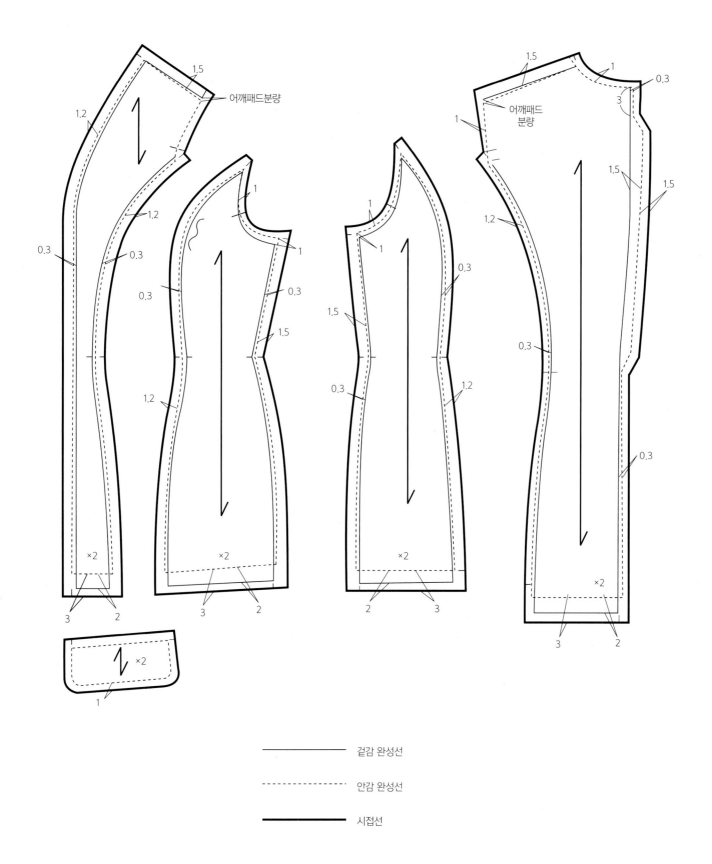

1.5
어깨패드분량
1.2
0.3
0.3
0.3
1.2
1.2
0.3
1.5
×2
3
2
3
2

1.5
1
0.3
3
어깨패드
분량
1
1.5
1.5
1.2
0.3
0.3
×2
3
2

1
1
1.5
0.3
0.3
1.2
×2
2
3

×2
1

─────────── 겉감 완성선

- - - - - - - - - 안감 완성선

━━━━━━━━━ 시접선

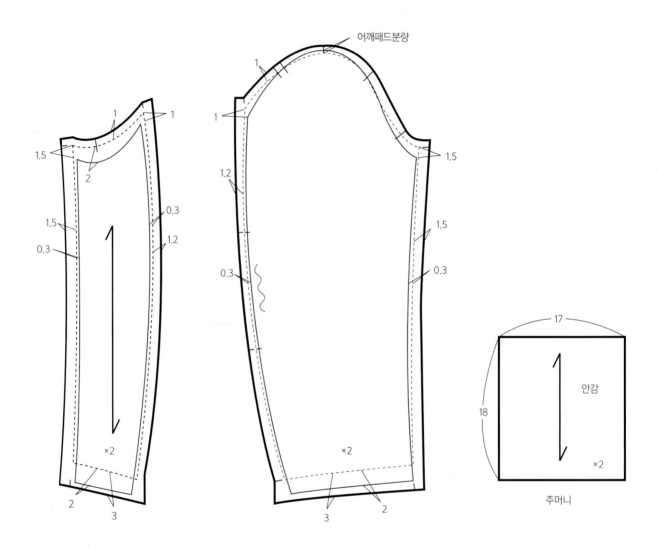

어깨패드분량

1

1.5

2

1.5

0.3

0.3

1.2

×2

2

3

1

1.5

0.3

1.2

1.5

0.3

2

3

×2

17

18

안감

×2

주머니

심지(겉감에 부착)

-몸판-

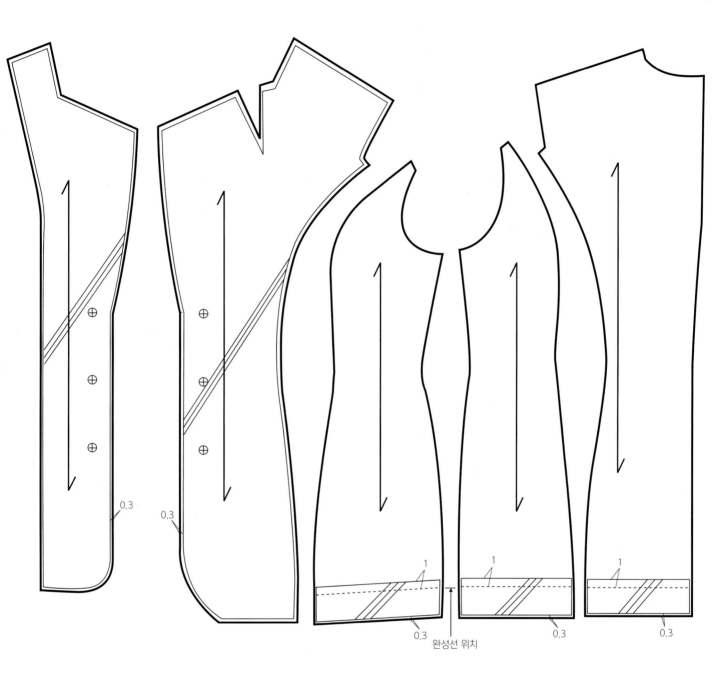

0.3

0.3

0.3

1

1

1

0.3

0.3

0.3

완성선 위치

<전체적으로 심지 부착>　　　　　　　　　　　　　<밑단에만 심지 부착>

※밑단에만 심지를 부착해야 하는 부위는 완성선에서 1cm 위부터 밑단까지 부착한다.

-소매- -칼라, 뒤목안단, 플랩, 입술감-

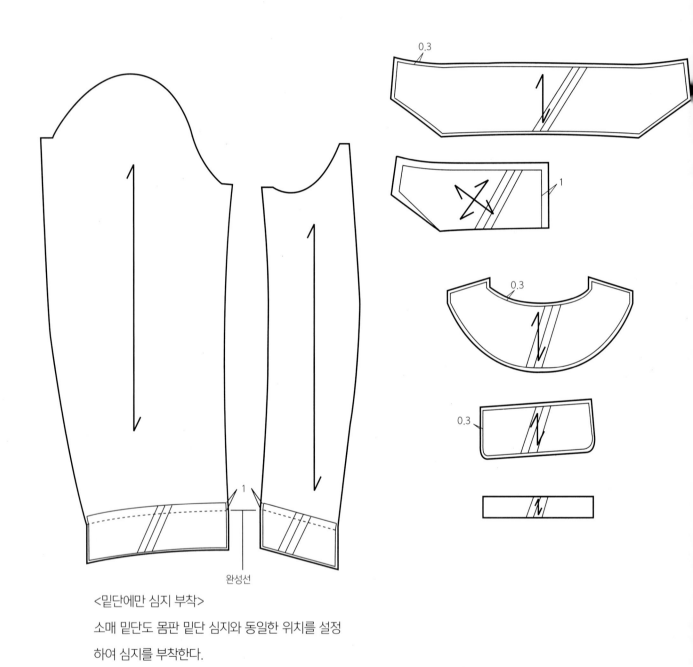

완성선

<밑단에만 심지 부착>

소매 밑단도 몸판 밑단 심지와 동일한 위치를 설정
하여 심지를 부착한다.

겉감 마킹

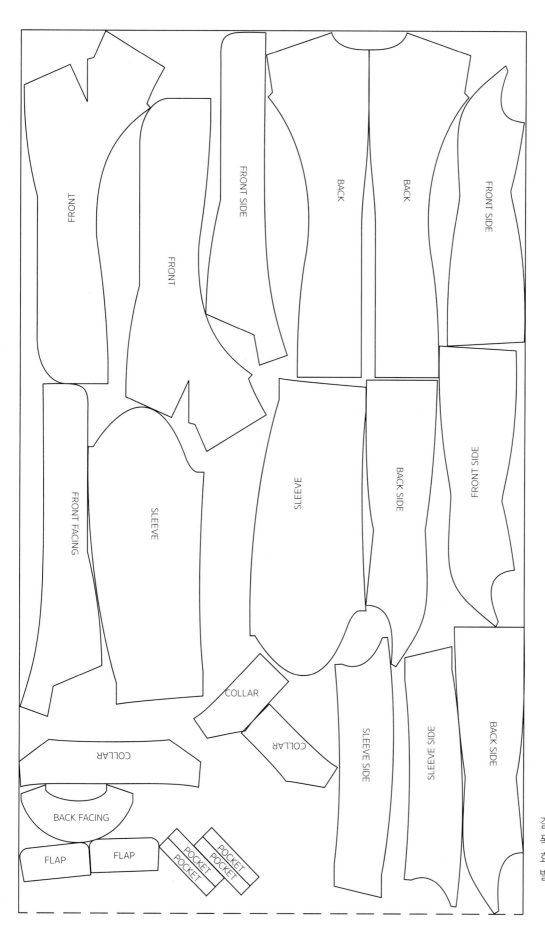

길이 : 192.54cm
폭 : 111.76cm
효율성 : 70.8cm
벌수 : 1벌

안감 마킹

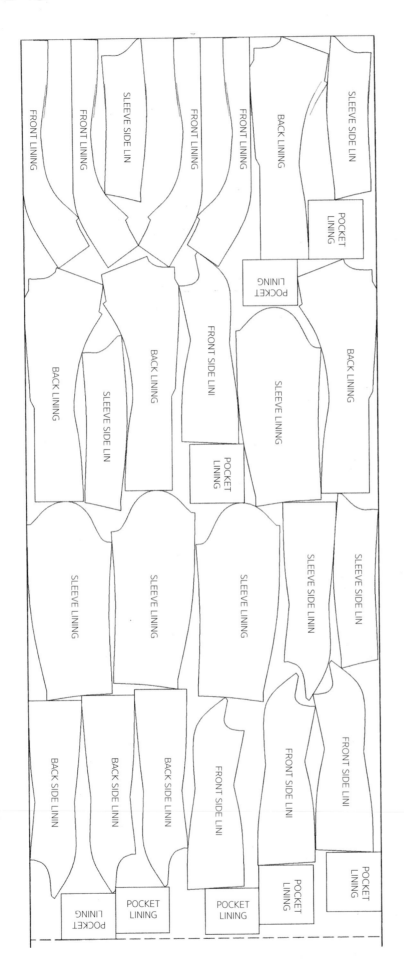

길이 : 278.21cm
폭 : 111.76cm
효율성 : 76.3cm
벌수 : 2벌

2. 옆선이 연결된 테일러드 칼라 재킷

(단위 : cm)

부위	신체 치수	제품 치수
가슴둘레	86	96
허리둘레	66	80
엉덩이둘레	92	96
재킷길이		66
소매길이		58

1단계 : 기초선

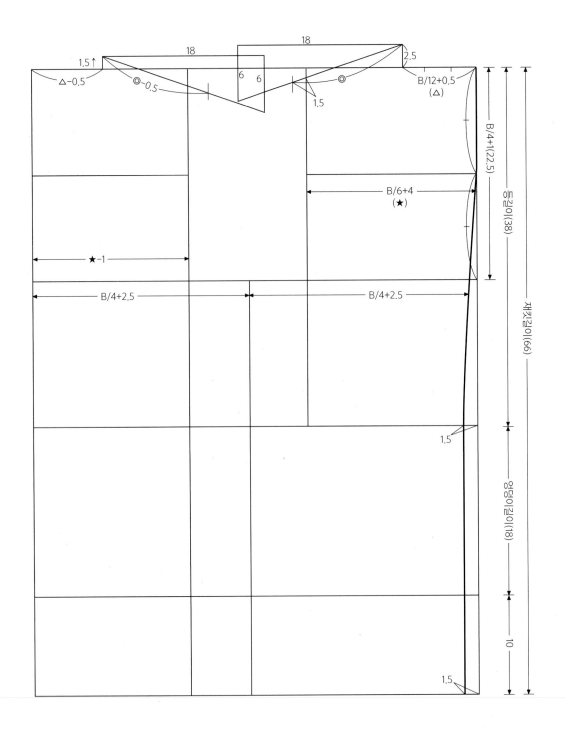

(1/4 축도)

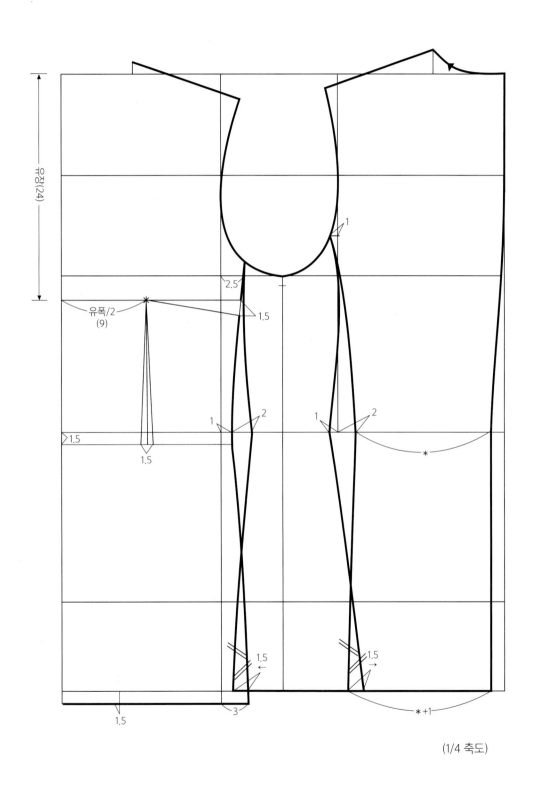

유장(24)

유폭/2
(9)

2.5

1.5

1.5

1.5

1

1

2

1

2

*

1.5
←

1.5
→

3

1.5

* +1

(1/4 축도)

3단계 : 라펠 · 포켓 · 다트 그리기

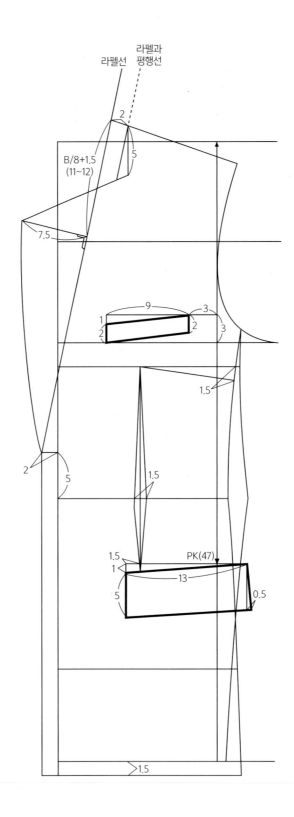

(1/4 축도)

4단계 : 테일러드 칼라 제도

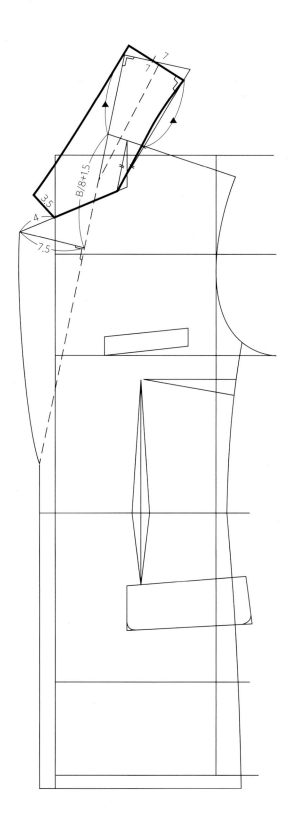

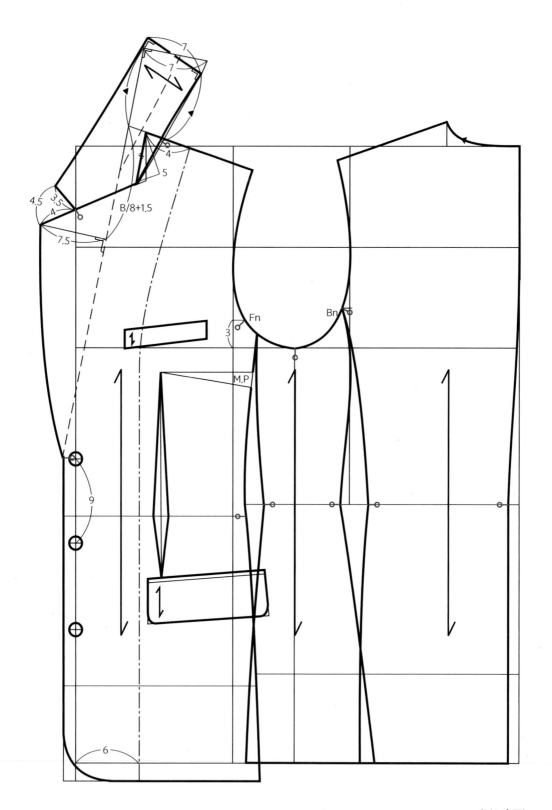

B/8+1.5

4.5 3.5

4

7.5

7

7

4

5

3

Fn

Bn

M.P.

1

1

9

6

(1/4 축도)

다트 이동

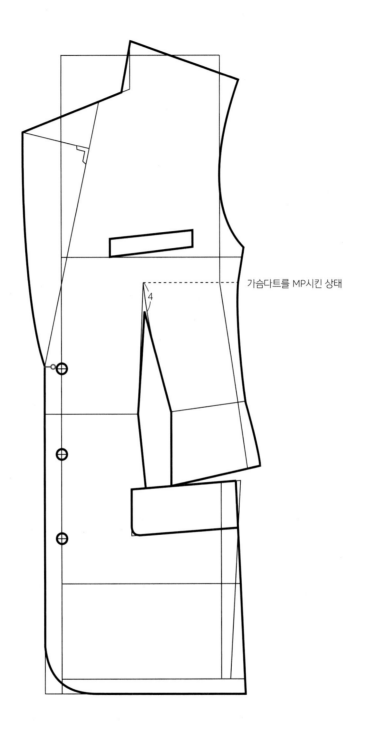

가슴다트를 MP시킨 상태

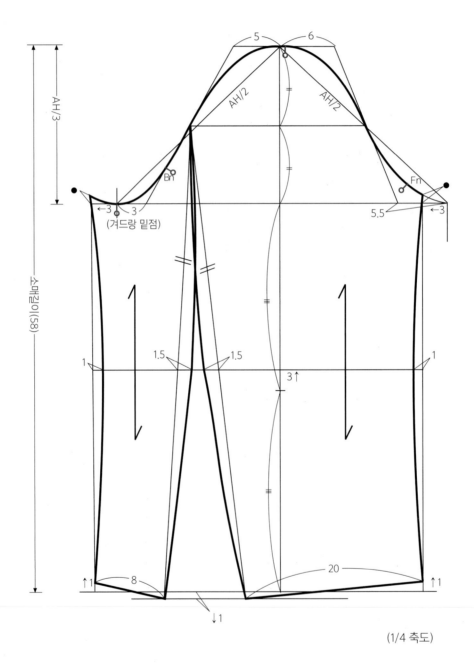

AH/3

AH/2 AH/2

Bn

Fn

5 6

←3 3
(겨드랑 밑점)

5.5 ←3

소매길이(58)

1 1.5 1.5 1

3↑

↑1 8 20 ↑1

↓1

(1/4 축도)

(단위 : cm)

부위	신체 치수	제품 치수
가슴둘레	86	98
허리둘레	66	98
엉덩이둘레	92	98
재킷길이		68
소매길이		58

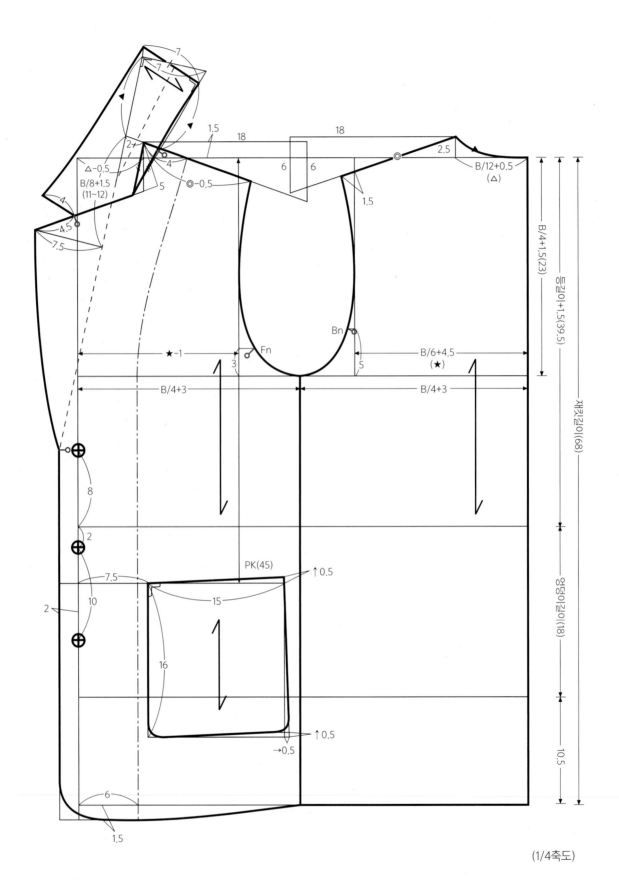

(1/4축도)

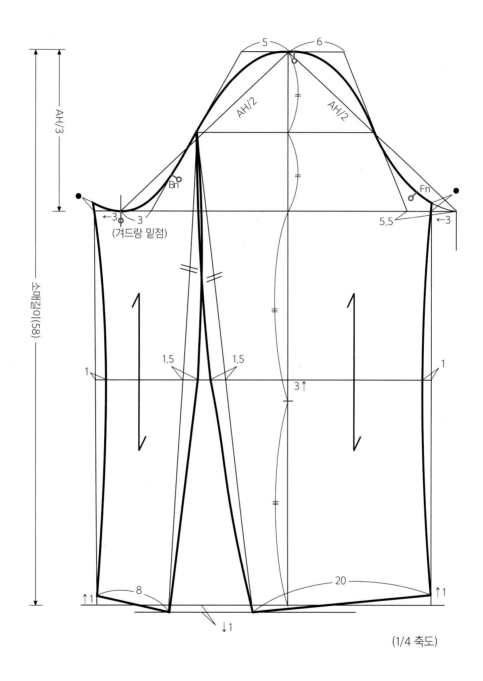

5　6

AH/2　AH/2

AH/3

Bn　Fn

←3　3
(겨드랑 밑점)　5.5　←3

소매길이(58)

1.5　1.5

1　3↑　1

8　20

↑1　↓1　↑1

(1/4 축도)

4. 더블버튼 재킷

(단위 : cm)

부위	신체 치수	제품 치수
가슴둘레	86	96
허리둘레	66	83
엉덩이둘레	92	96
재킷길이		66
소매길이		58

1단계 : 기초선

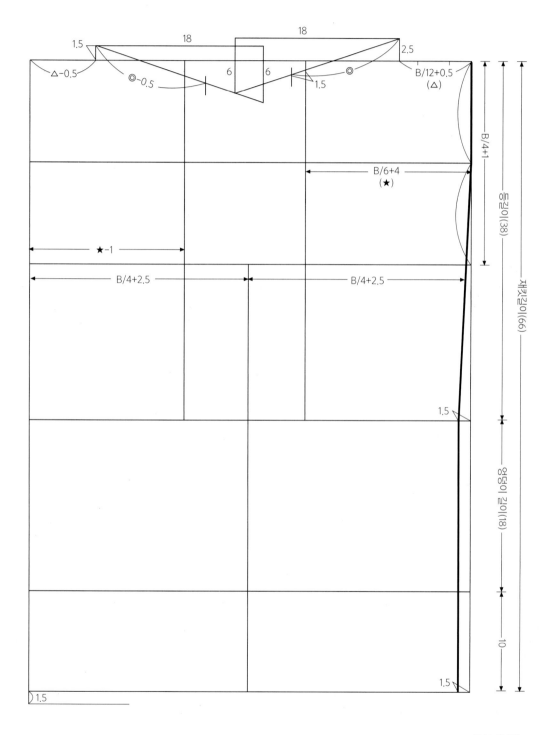

(1/4 축도)

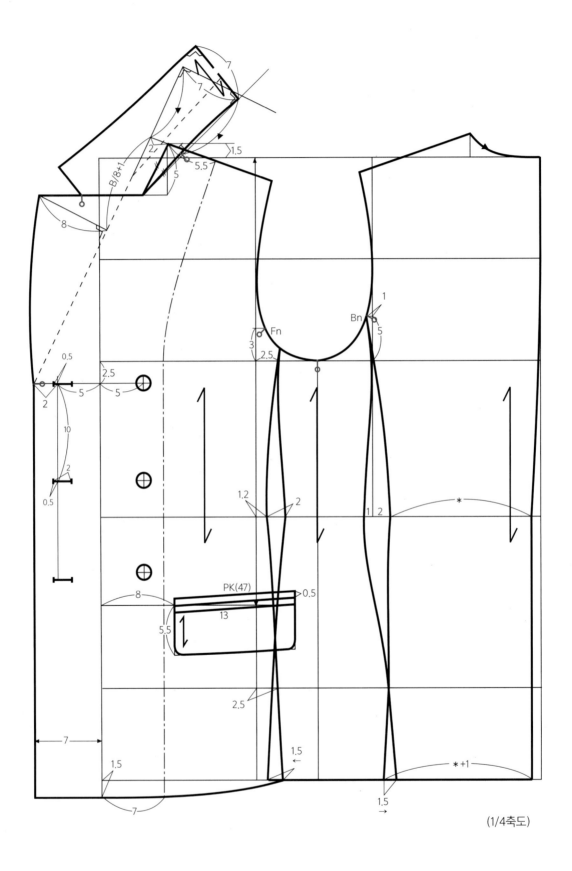

(1/4축도)

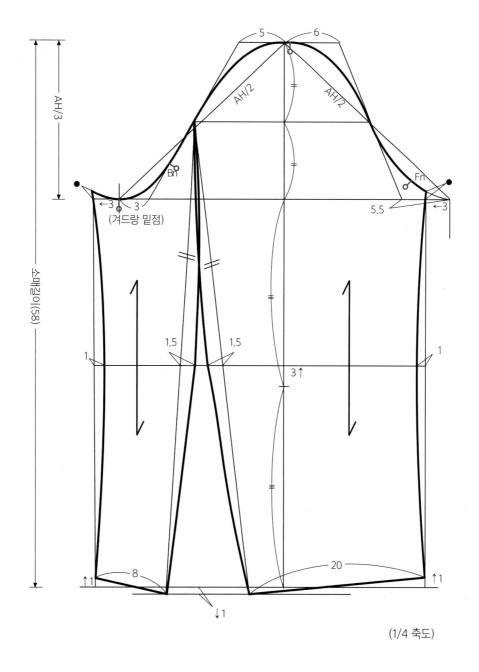

5　　6

AH/2　　AH/2

Bn　　Fn

←3　3　　5.5　　←3
(겨드랑 밑점)

AH/3

소매길이(58)

1　　1.5　　1.5　　1

3↑

↑1　　8　　20　　↑1

↓1

(1/4 축도)

 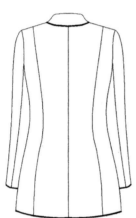

(단위 : cm)

부위	신체 치수	제품 치수
가슴둘레	86	96
허리둘레	66	72
엉덩이둘레	92	96
재킷길이		66
소매길이		58

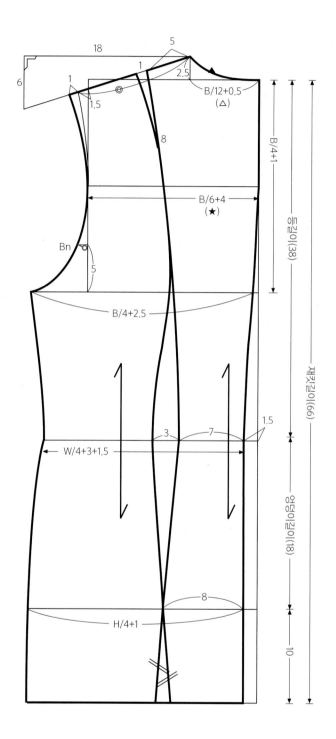

18   5

6

1

1.5

1

2.5

B/12+0.5
(△)

8

B/4+1

B/6+4
(★)

Bn

5

등길이(38)

B/4+2.5

재킷길이(66)

3   7   1.5

W/4+3+1.5

엉덩이길이(18)

8

H/4+1

10

(1/4 축도)

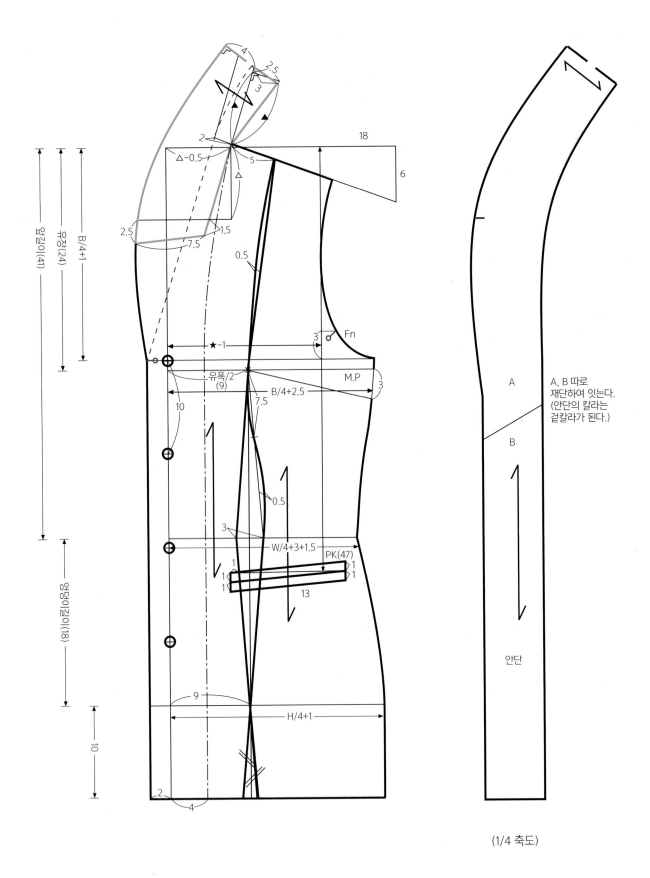

앞길이(41)

뒤품(24)

B/4+1

△-0.5

2.5

1.5

7.5

4

2.5

3

2

5

△

18

6

0.5

3 Fn

★-1

유폭/2
(9)

M.P

3

B/4+2.5

10

7.5

0.5

3

W/4+3+1.5

PK(47)

1
1
1

1
1

13

9

H/4+1

2

4

뒤중심길이(18)

10

A

B

안단

A, B 따로
재단하여 잇는다.
(안단의 칼라는
겉칼라가 된다.)

(1/4 축도)

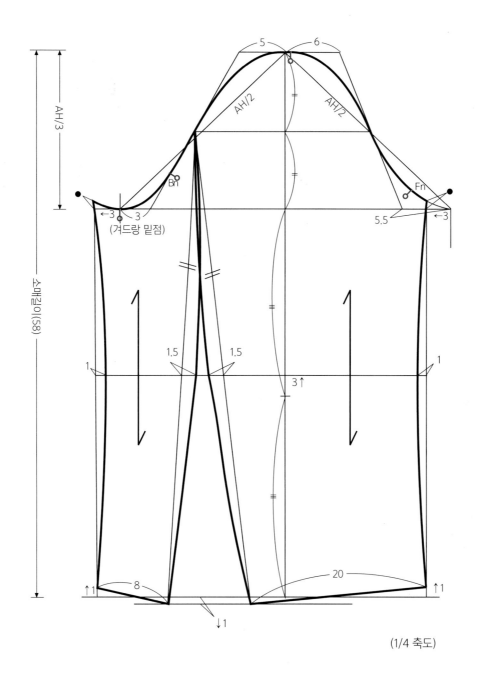

(단위 : cm)

부위	신체 치수	제품 치수
가슴둘레	86	96
허리둘레	66	70
엉덩이둘레	92	96
재킷길이		50
소매길이		58

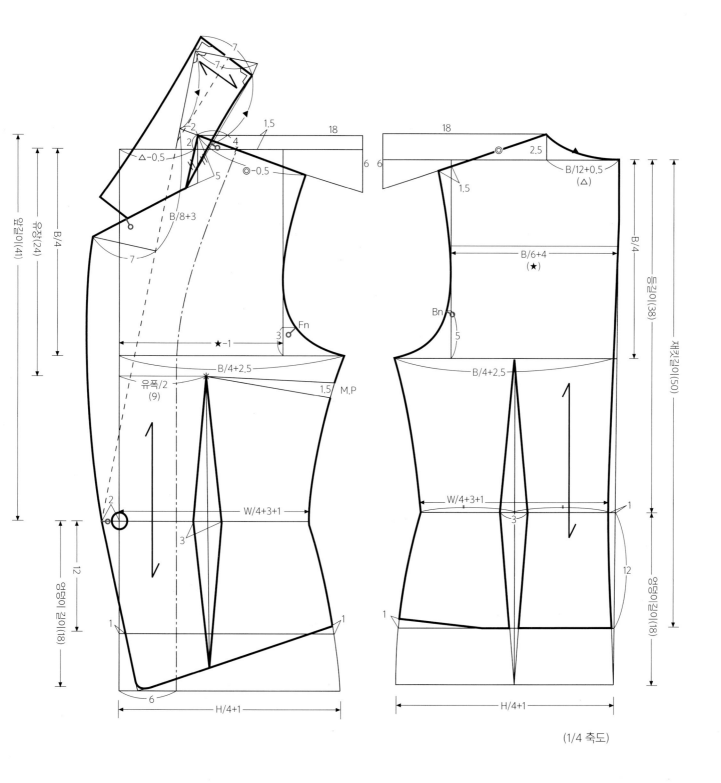

앞길이(41)
앞품(24)
B/4
7
△-0.5
2
2
1.5
4
◎-0.5
5
18
6
B/8+3
7
Fn
3
★-1
B/4+2.5
유폭/2
(9)
1.5 M.P
12
앞덮이 길이(18)
2
3
W/4+3+1
1
6
H/4+1

18
6
2.5
B/12+0.5
(△)
1.5
B/6+4
(★)
B/4
등길이(38)
Bn
5
B/4+2.5
재킷길이(50)
W/4+3+1
3
1
앞덮이길이(18)
12
1
H/4+1

(1/4 축도)

— 59 —

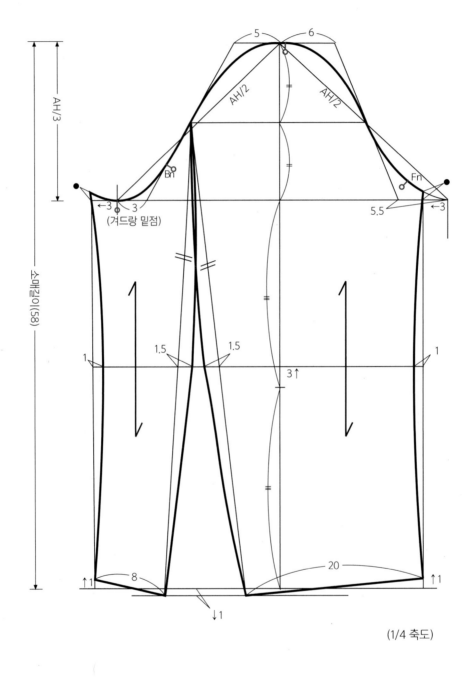

AH/3

5 6

AH/2 AH/2

Bn Fn

←3 3 ←3
(겨드랑 밑점) 5.5

소매길이(58)

1 1.5 1.5 1

3↑

8 20

↑1 ↑1

↓1

(1/4 축도)

(단위 : cm)

부위	신체 치수	제품 치수
가슴둘레	86	96
허리둘레	66	72
엉덩이둘레	92	96
재킷길이		66
소매길이		58

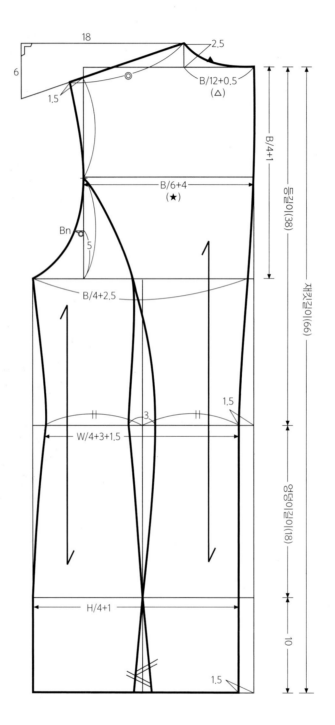

18

6

2.5

B/12+0.5
(△)

1.5

B/4+1

등길이(38)

B/6+4
(★)

Bn

5

B/4+2.5

재킷길이(66)

‖

3

‖

1.5

W/4+3+1.5

엉덩이길이(18)

H/4+1

10

1.5

(1/4 축도)

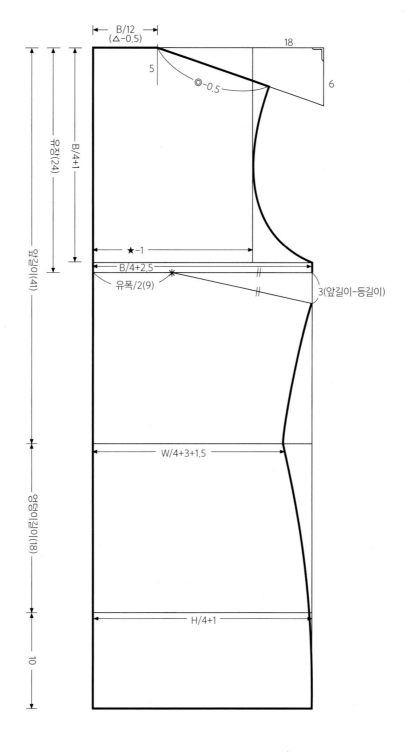

B/12
(△−0.5)

18

5

◎−0.5

6

유장(24)

B/4+1

유길이(41)

★−1

B/4+2.5

유폭/2(9)

3(앞길이−등길이)

W/4+3+1.5

엉덩이길이(18)

H/4+1

10

(1/4 축도)

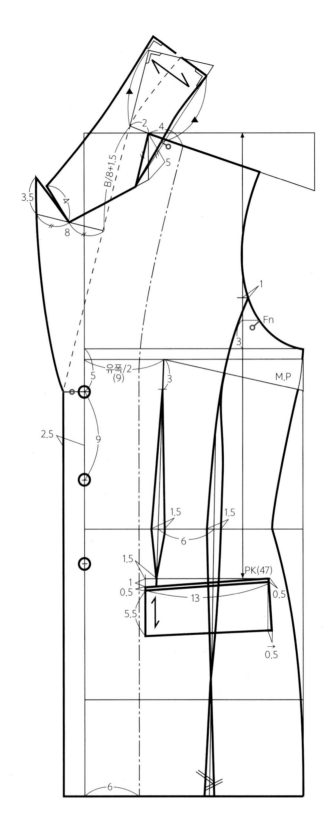

(1/4 축도)

다트의 이동

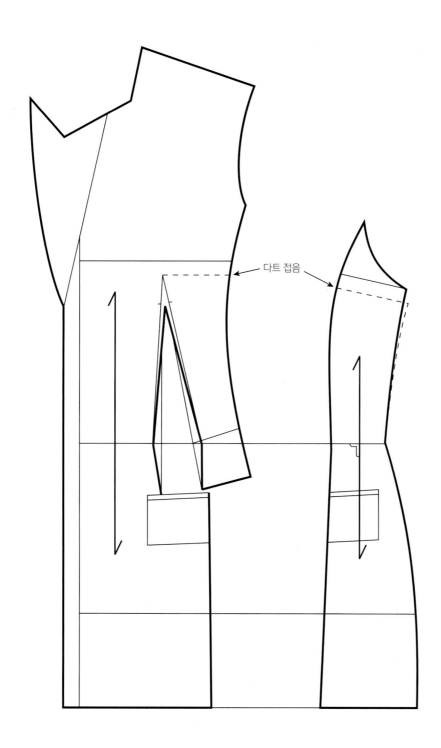

다트 접음

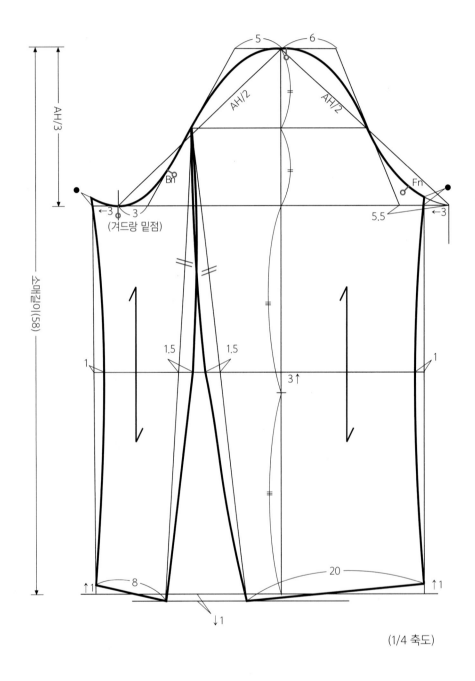

AH/3

소매길이(58)

5

6

AH/2

AH/2

=

Bn

Fn

←3 3
(겨드랑 밑점)

5.5 ←3

=

=

1

1.5 1.5

1

3↑

=

↑1 8 20 ↑1

↓1

(1/4 축도)

(단위 : cm)

부위	신체 치수	제품 치수
가슴둘레	86	96
허리둘레	66	86
엉덩이둘레	92	
재킷길이		51
소매길이		38

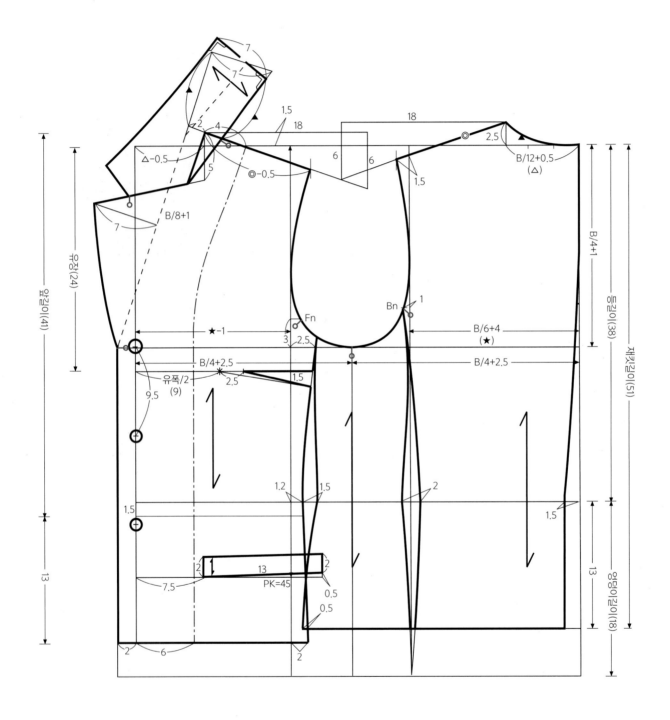

(1/4 축도)

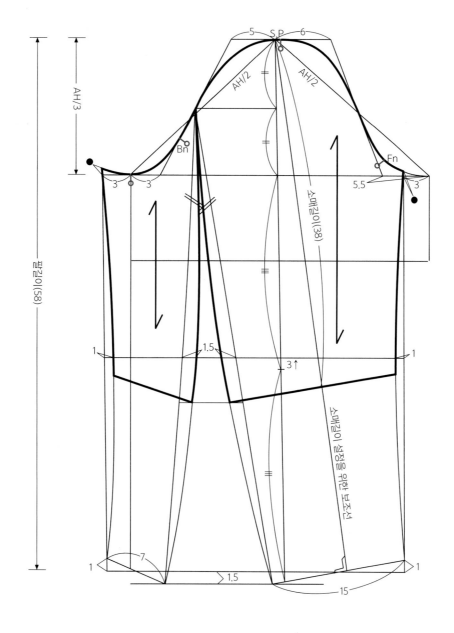

(1/4 축도)

(단위 : cm)

부위	신체 치수	제품 치수
가슴둘레	86	96
허리둘레	66	72
엉덩이둘레	92	96
재킷길이		58
소매길이		58

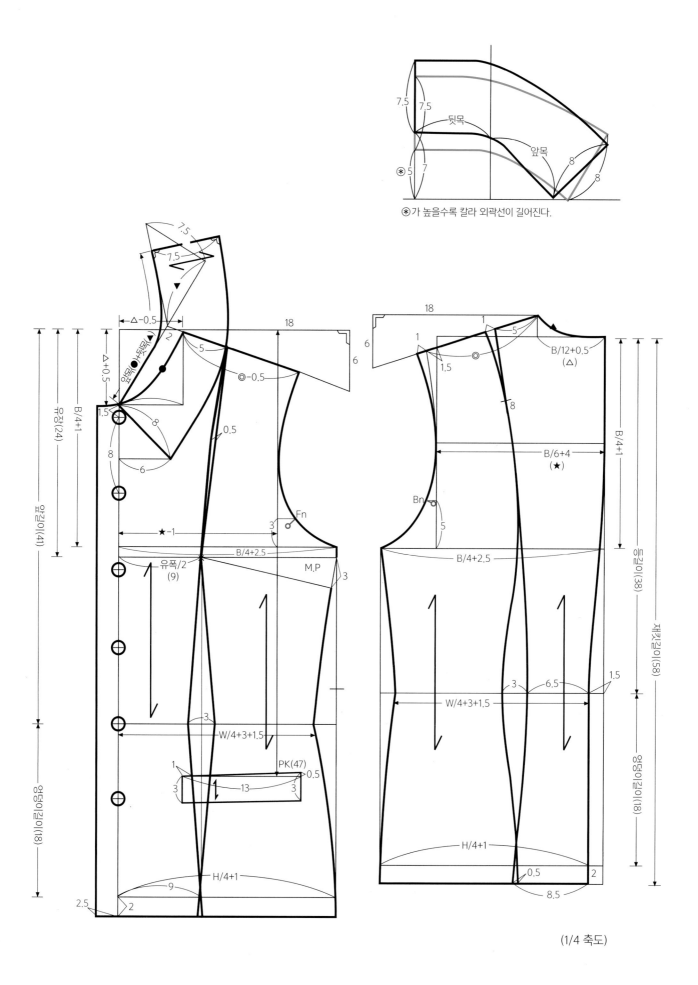

⊛가 높을수록 칼라 외곽선이 길어진다.

(1/4 축도)

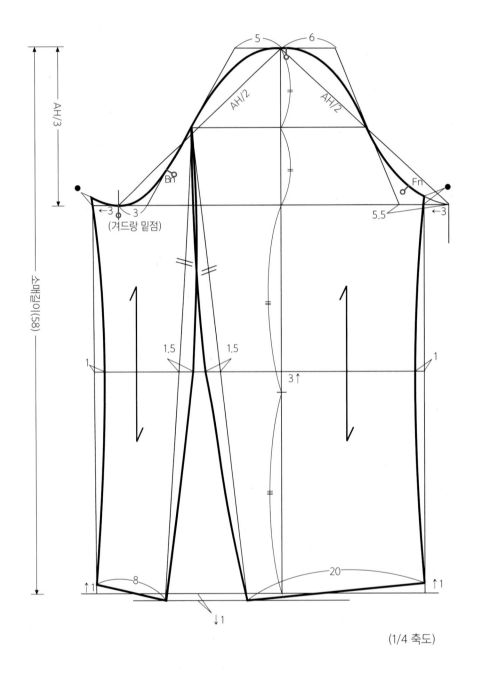

(1/4 축도)

(단위 : cm)

부위	신체 치수	제품 치수
가슴둘레	86	96
허리둘레	66	72
엉덩이둘레	92	98
재킷길이		56
소매길이		58

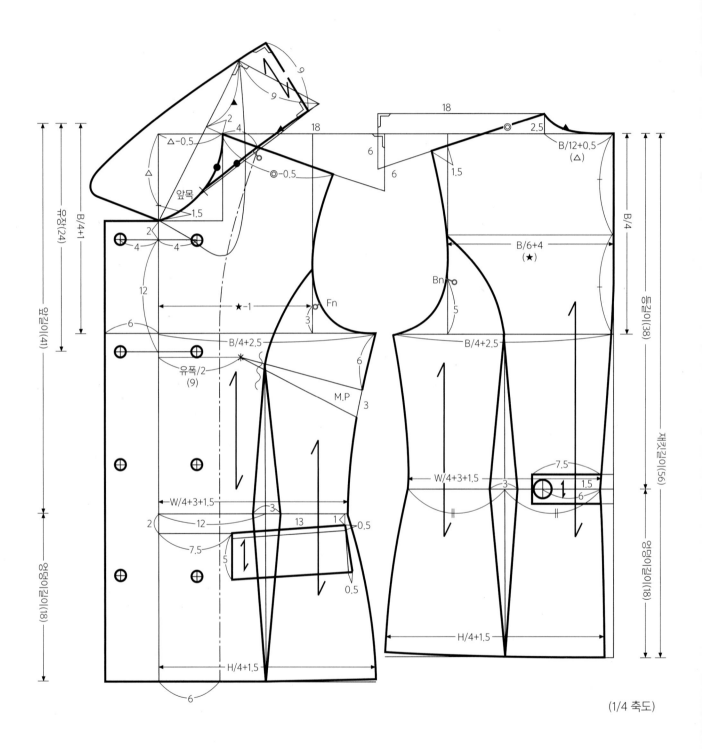

B/4+1

유장(24)

옷길이(41)

앞여밈길이(18)

△-0.5

앞목

2

4 4

12

6

B/4+2.5

유폭/2
(9)

★-1

Fn

3

M.P

3

6

◎-0.5

2

4

18

6

6

1.5

★

W/4+3+1.5

2   12   3

13   1

0.5

7.5

5

0.5

H/4+1.5

6

18

6

6

1.5

2.5

B/12+0.5
(△)

B/4

B/6+4
(★)

등길이(38)

Bn

5

B/4+2.5

W/4+3+1.5

3

7.5

1

1.5

6

재킷길이(56)

엉덩이길이(18)

H/4+1.5

(1/4 축도)

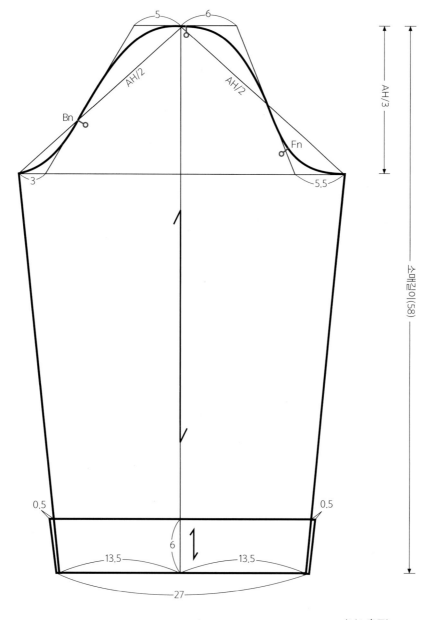

5   6

AH/2   AH/2

Bn

Fn

3   5.5

AH/3

소매길이(58)

0.5   0.5

6

13.5   13.5

27

(1/4 축도)

(단위 : cm)

부위	신체 치수	제품 치수
가슴둘레	86	96
허리둘레	66	70
엉덩이둘레	92	
재킷길이		50.5
소매길이		58

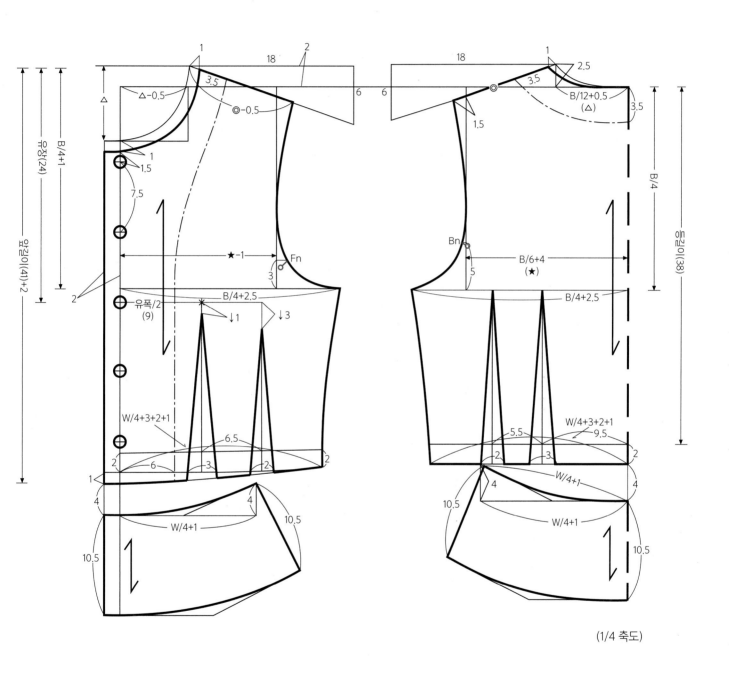

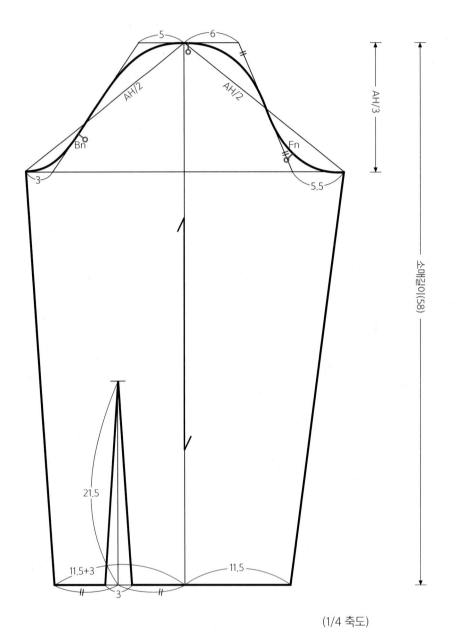

(1/4 축도)

12. 프린세스 기모노슬리브 재킷

(단위 : cm)

부위	신체 치수	제품 치수
가슴둘레	86	96
허리둘레	66	72
엉덩이둘레	92	98
재킷길이		66
소매길이		58

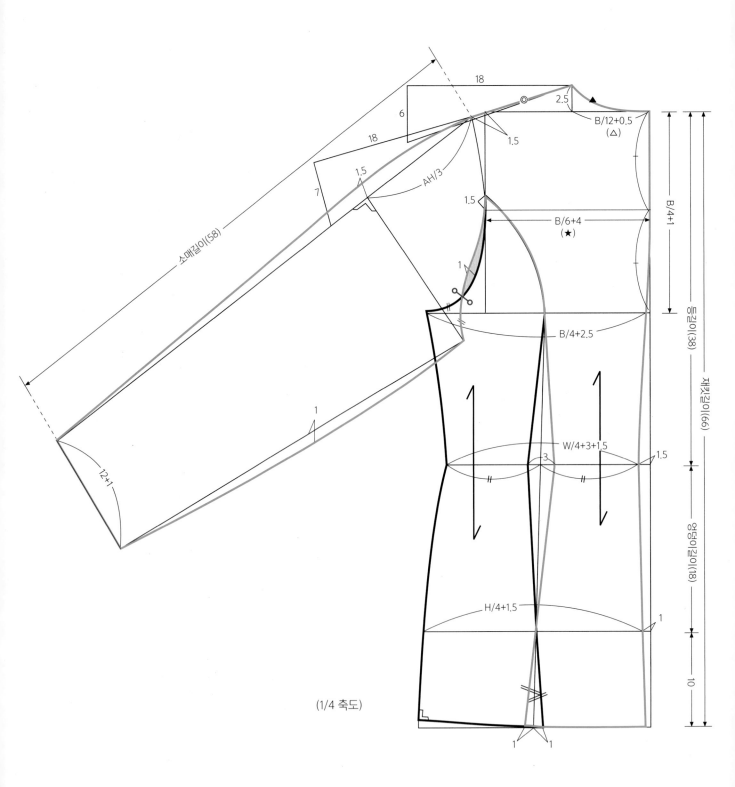

소매길이(58)

18

6

18

7

1.5

AH/3

1.5

◎

2.5

▲

B/12+0.5
(△)

B/6+4
(★)

B/4+1

1

1.5

B/4+2.5

등길이(38)

재킷길이(66)

1

W/4+3+1.5

3

1.5

12+1

H/4+1.5

1

엉덩이길이(18)

10

(1/4 축도)

1

1

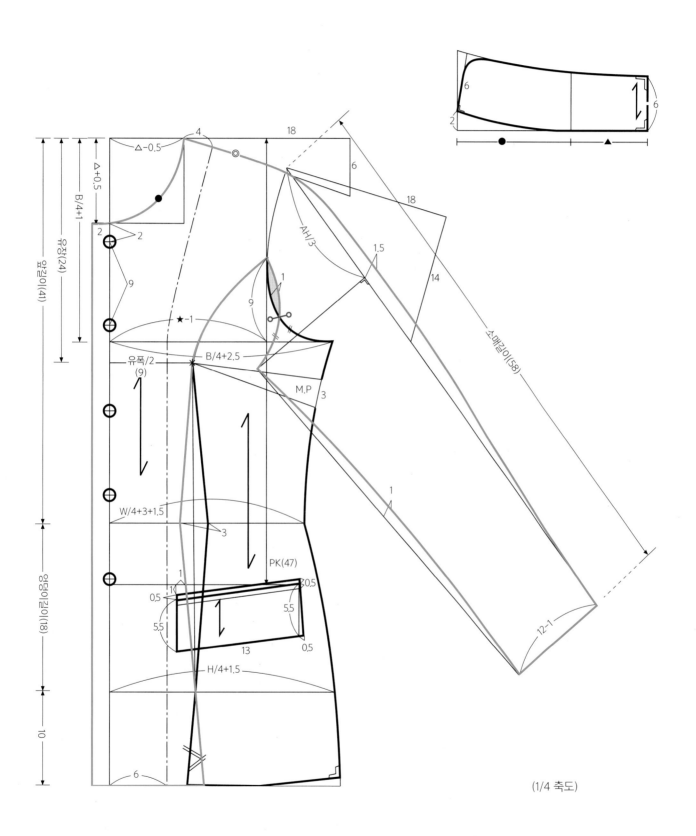

뒤판

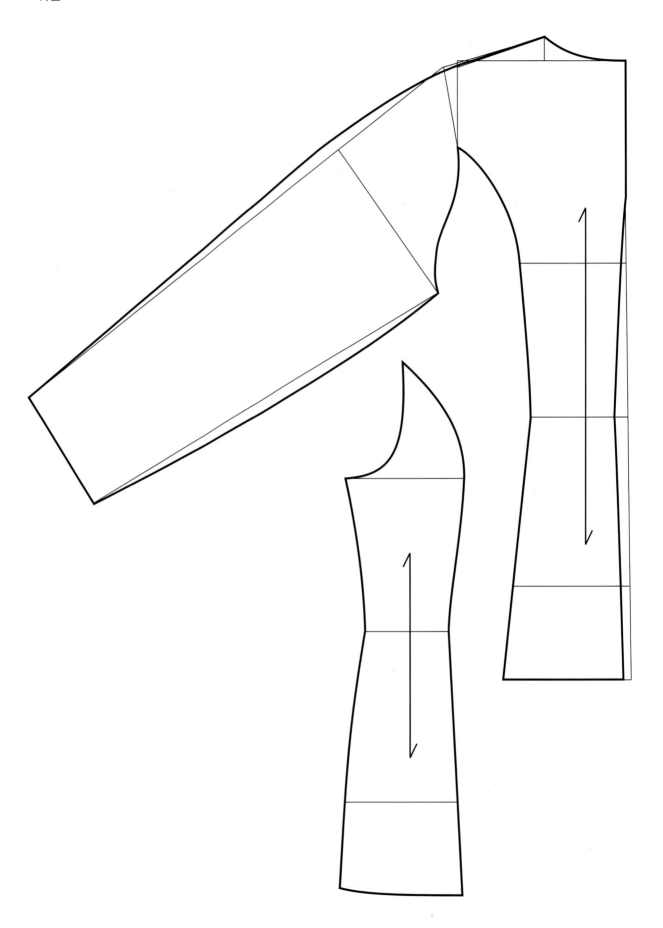

앞판

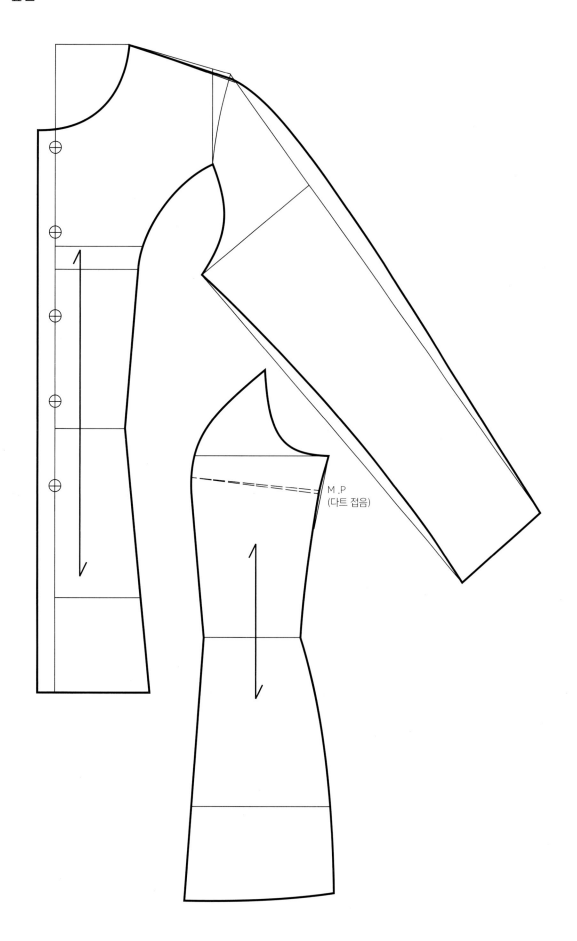

M .P
(다트 접음)

제3장 베스트

베스트 도식화

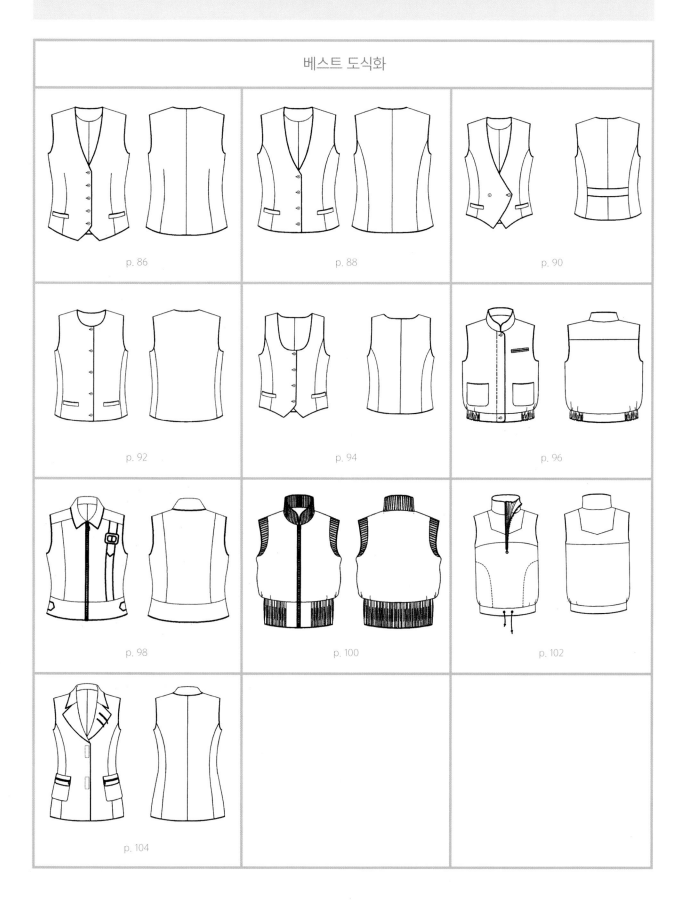

p. 86

p. 88

p. 90

p. 92

p. 94

p. 96

p. 98

p. 100

p. 102

p. 104

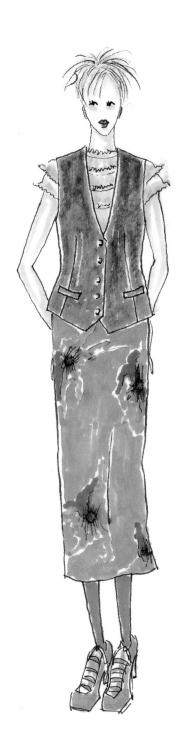

(단위 : cm)

부위	신체 치수	제품 치수
가슴둘레	86	96
허리둘레	66	71
엉덩이둘레	92	
베스트길이		46

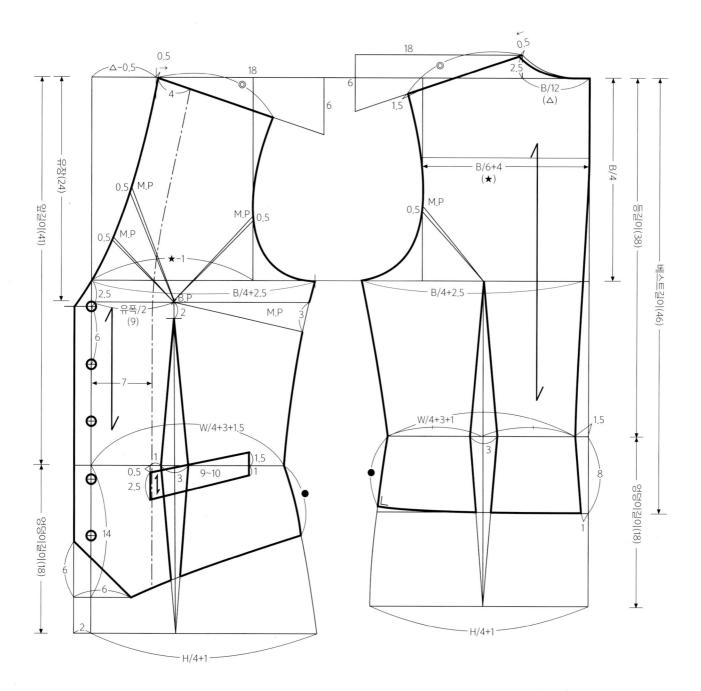

유장(24)

유길이(41)

0.5

△-0.5

4

18

0.5

6

6

18

0.5

2.5

B/12
(△)

1.5

0.5 M.P

0.5 M.P

M.P 0.5

B/6+4
(★)

0.5 M.P

★-1

B/4+2.5

0.5

2.5

유폭/2
(9)

B.P

2

M.P

3

B/4+2.5

등길이(38)

B/4

6

7

W/4+3+1.5

1.5

0.5

2.5

3

9~10

1

W/4+3+1

3

1.5

8

베스트길이(46)

14

엉덩이길이(18)

6

6

2

H/4+1

H/4+1

1

엉덩이길이(18)

(1/4 축도)

(단위 : cm)

부위	신체 치수	제품 치수
가슴둘레	86	96
허리둘레	66	71
엉덩이둘레	92	
베스트길이		48

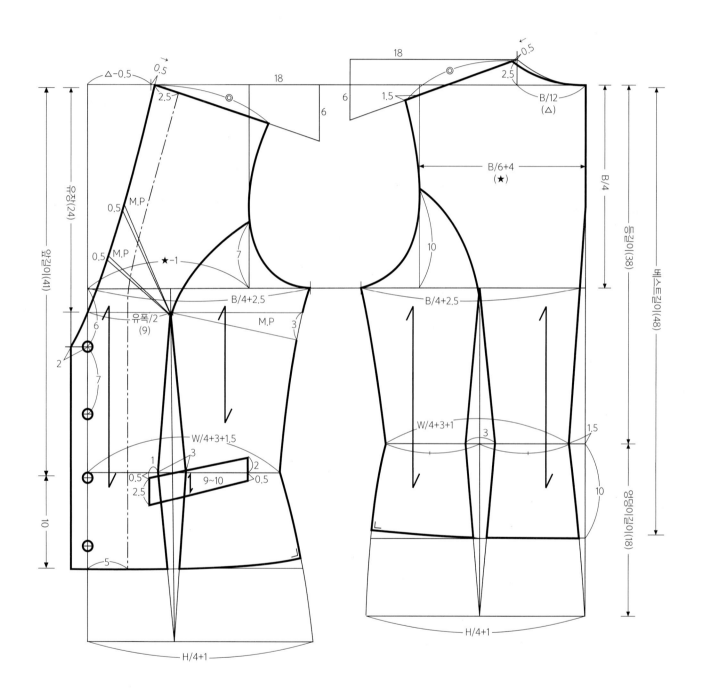

(단위 : cm)

부위	신체 치수	제품 치수
가슴둘레	86	96
허리둘레	66	71
엉덩이둘레	92	
베스트길이		48

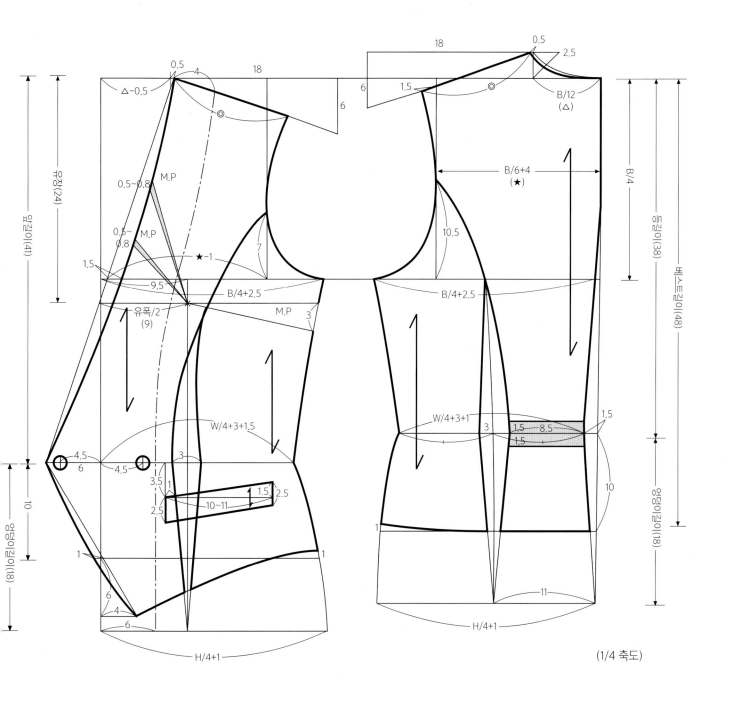

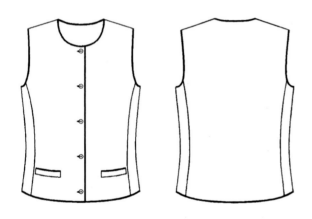

(단위 : cm)

부위	신체 치수	제품 치수
가슴둘레	86	96
허리둘레	66	85
엉덩이둘레	92	
베스트길이		49

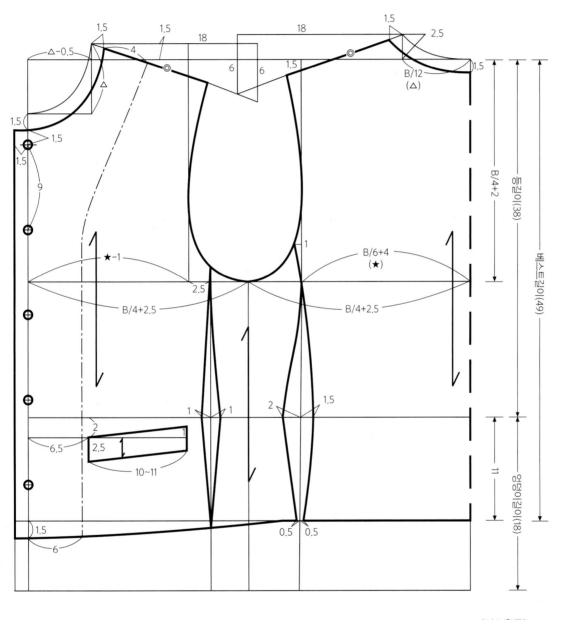

(1/4 축도)

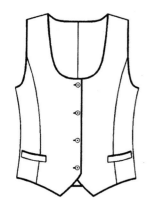 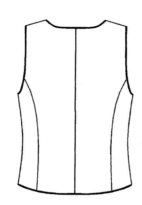

(단위 : cm)

부위	신체 치수	제품 치수
가슴둘레	86	96
허리둘레	66	71
엉덩이둘레	92	
베스트길이		45

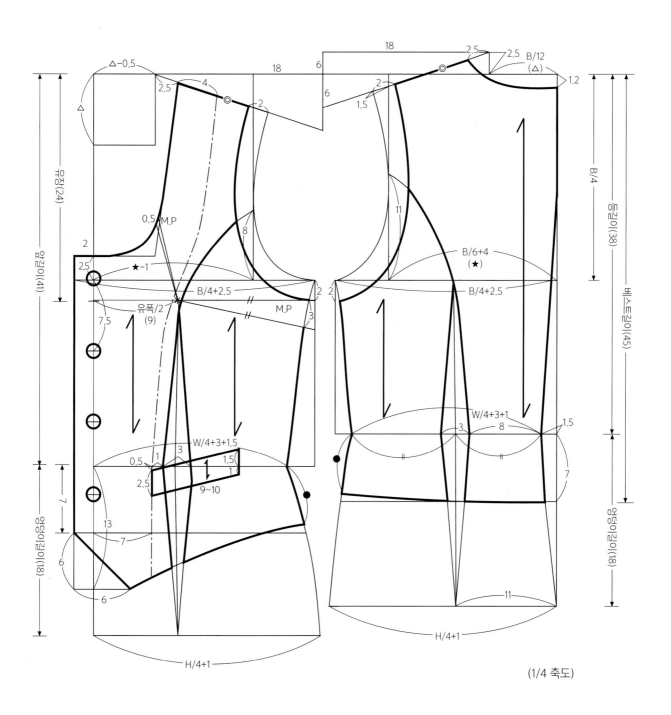

(1/4 축도)

 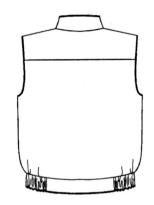 

(단위 : cm)

부위	신체 치수	제품 치수
가슴둘레	86	98
허리둘레	66	104
엉덩이둘레	92	
베스트길이		55

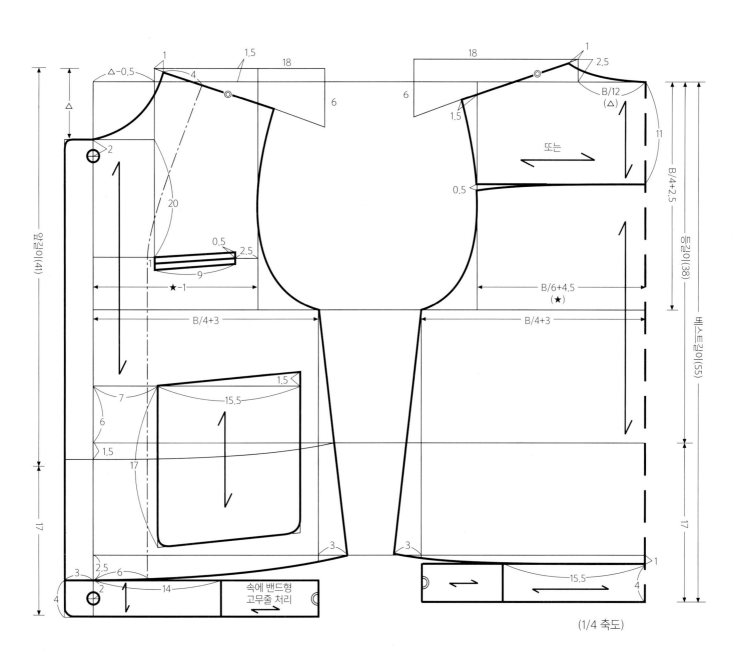

속에 밴드형
고무줄 처리

(1/4 축도)

뒷목+앞목

— 97 —

(단위 : cm)

부위	신체 치수	제품 치수
가슴둘레	86	96
허리둘레	66	72
엉덩이둘레	92	
베스트길이		48

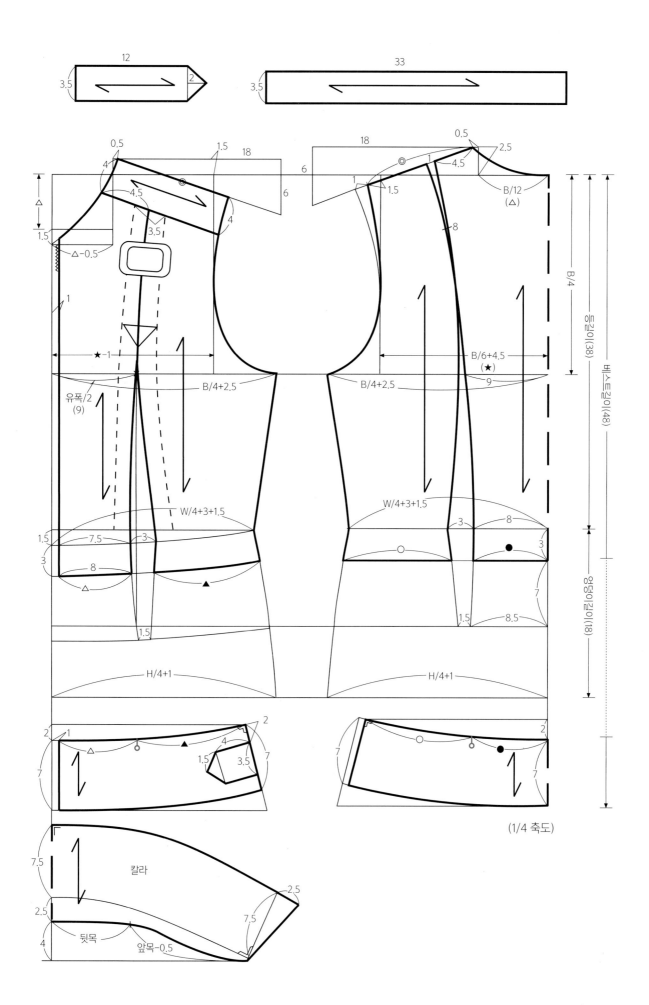

(1/4 축도)

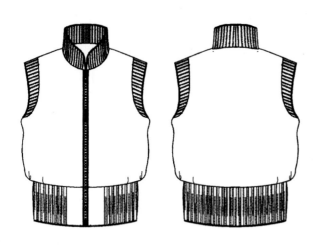

(단위 : cm)

부위	신체 치수	제품 치수
가슴둘레	86	100
허리둘레	66	100
엉덩이둘레	92	
베스트길이		50

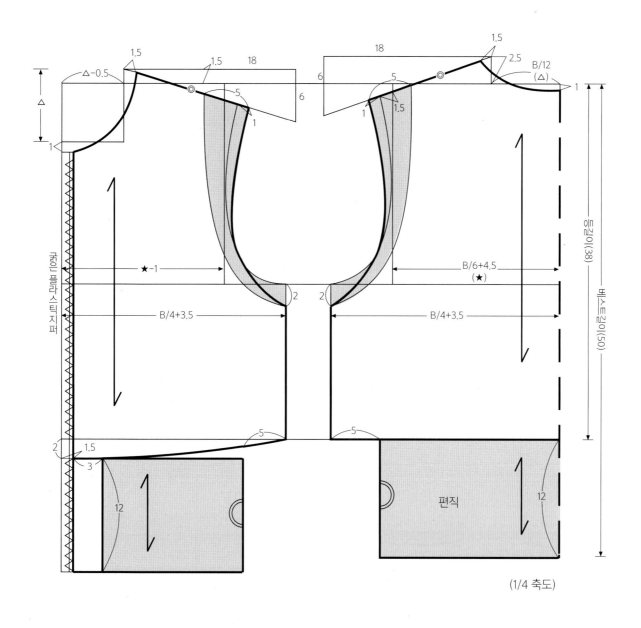

△−0.5
1.5
1.5
18
1.5
18
1.5
2.5
B/12
(△)
6
5
6
5
1.5
△
1
1
1
1
★−1
B/6+4.5
(★)
2
2
B/4+3.5
B/4+3.5
5
5
2
1.5
3
12
편직
12
등길이(38)
베스트길이(50)
굵은 플라스틱 지퍼

(1/4 축도)

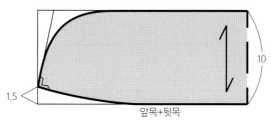

10
1.5
앞목+뒷목

※ 조임편직 길이는 입었을 때의 완성 느낌에 맞추어 재단한다.

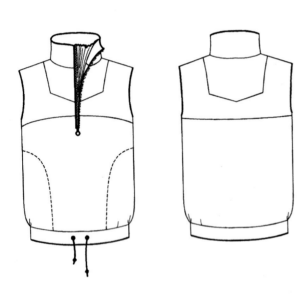

(단위 : cm)

부위	신체 치수	제품 치수
가슴둘레	86	98
허리둘레	66	98
엉덩이둘레	92	98
베스트길이		66

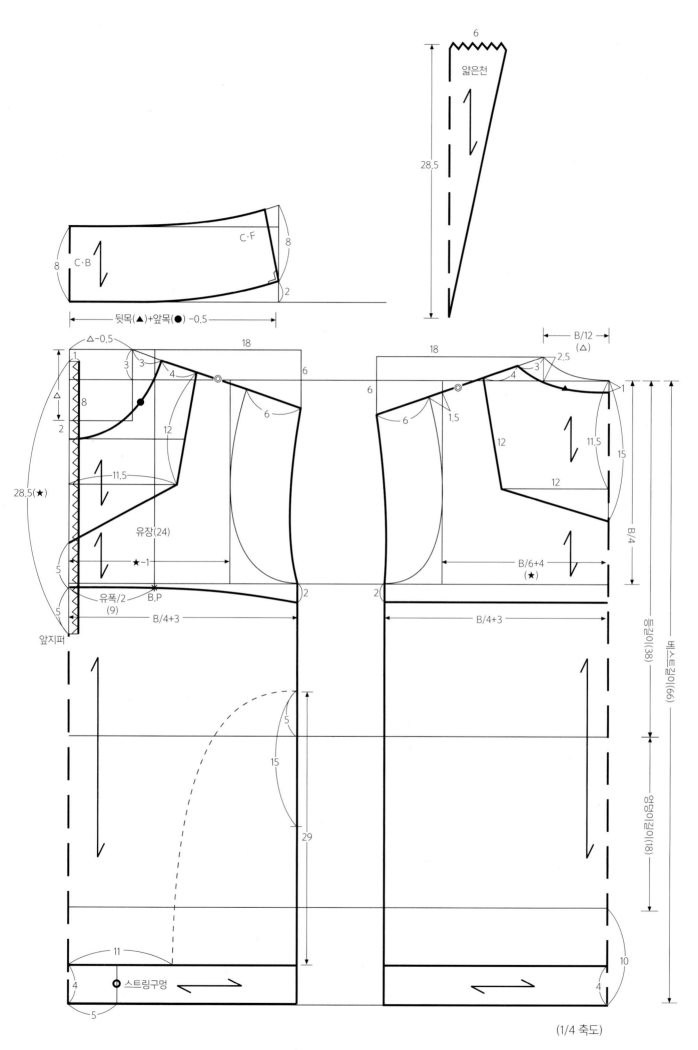

얇은천

6

28.5

C·F
8

C·B
8
2

뒷목(▲)+앞목(●) −0.5

B/12
(△)

△−0.5

18

18

6
3
3
4

6
6

4
3
2.5

1

8
△
2

12

유장(24)

★−1

11.5

5

5

유폭/2
(9)

B.P

12
1.5

6

12

11.5
15

12

B/6+4
(★)

B/4

28.5(★)

앞지퍼

B/4+3

2

2

B/4+3

등길이(38)

베스트길이(66)

5

15

29

엉덩이길이(18)

11

4

스트링구멍

5

10

4

(1/4 축도)

— 103 —

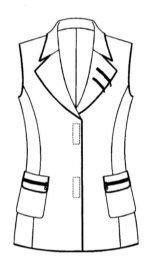
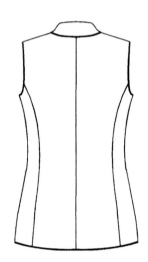

(단위 : cm)

부위	신체 치수	제품 치수
가슴둘레	86	96
허리둘레	66	84
엉덩이둘레	92	98
베스트길이		66

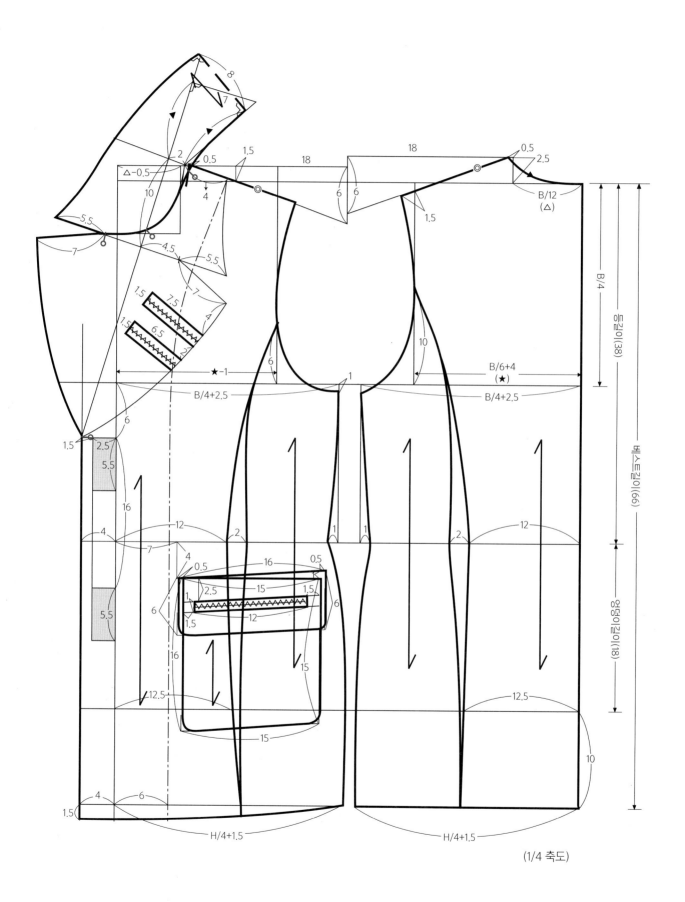

제4장 점퍼·사파리

점퍼·사파리 도식화

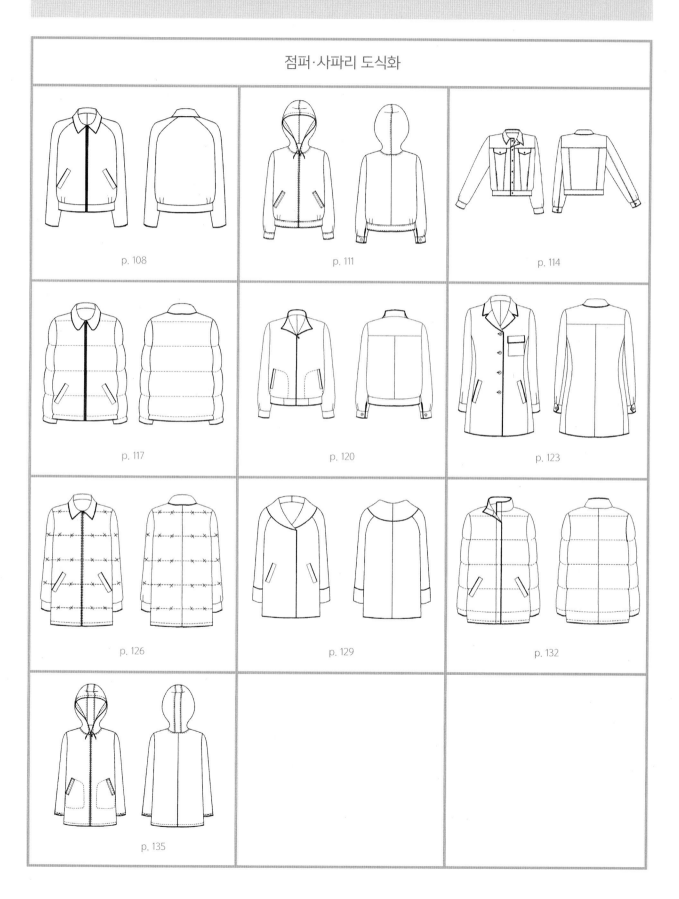

p. 108

p. 111

p. 114

p. 117

p. 120

p. 123

p. 126

p. 129

p. 132

p. 135

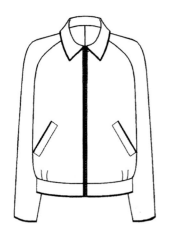 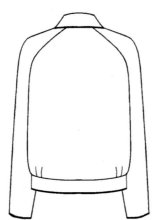

(단위 : cm)

부위	신체 치수	제품 치수
가슴둘레	86	102
허리둘레	66	
엉덩이둘레	92	100
점퍼길이		60
소매길이		58

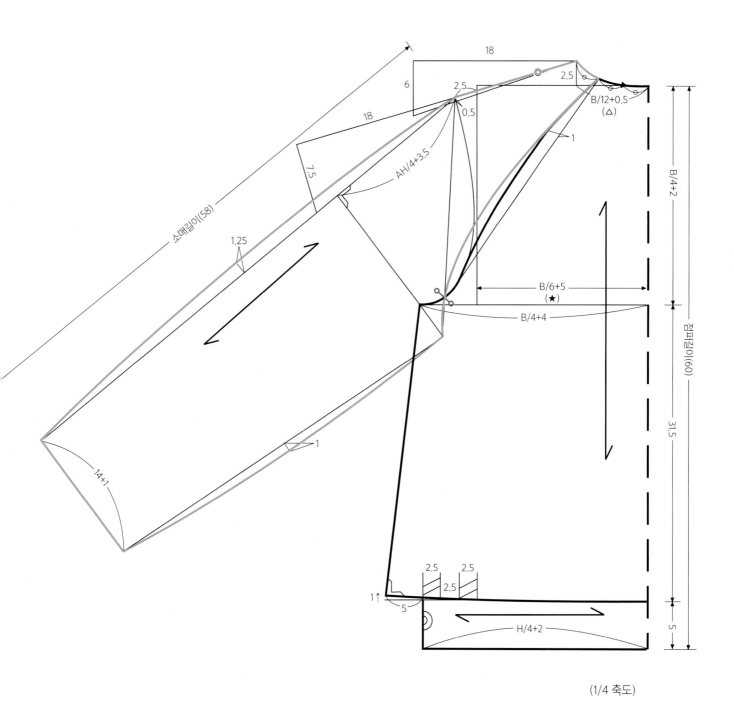

18

6

18

2.5

2.5

B/12+0.5
(△)

0.5

소매길이(58)

7.5

AH/4+3.5

1

1.25

B/4+2

B/6+5
(★)

B/4+4

전체길이(60)

1

31.5

14+1

2.5 2.5

2.5

1↑

5

H/4+2

5

(1/4 축도)

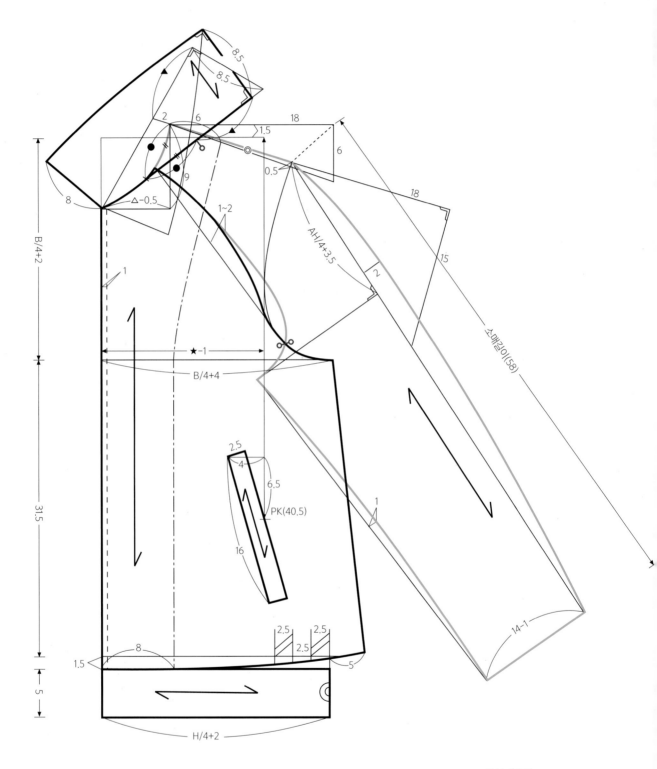

(1/4 축도)

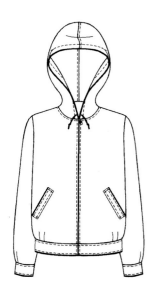 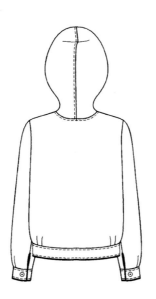

(단위 : cm)

부위	신체 치수	제품 치수
가슴둘레	86	110
허리둘레	66	
엉덩이둘레	92	100
점퍼길이		62
소매길이		56

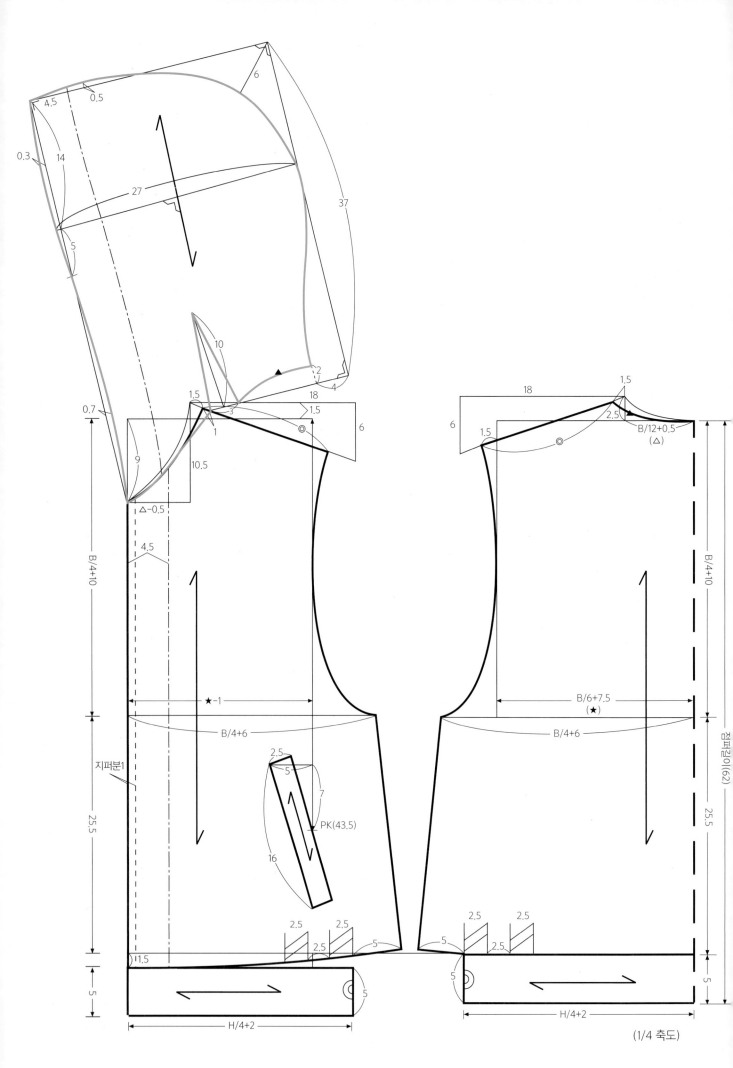

(1/4 축도)

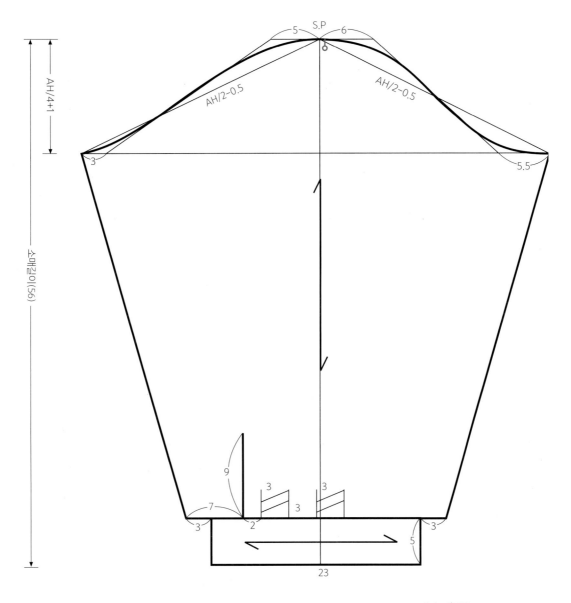

(1/4 축도)

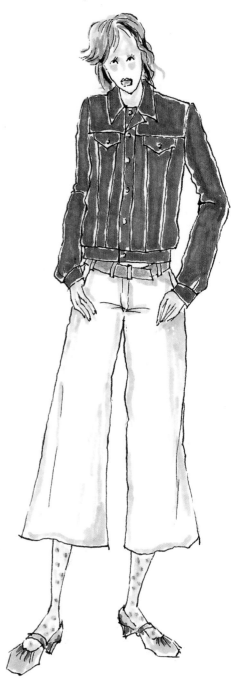

(단위 : cm)

부위	신체 치수	제품 치수
가슴둘레	86	116
허리둘레	66	
엉덩이둘레	92	100
점퍼길이		61
소매길이		58

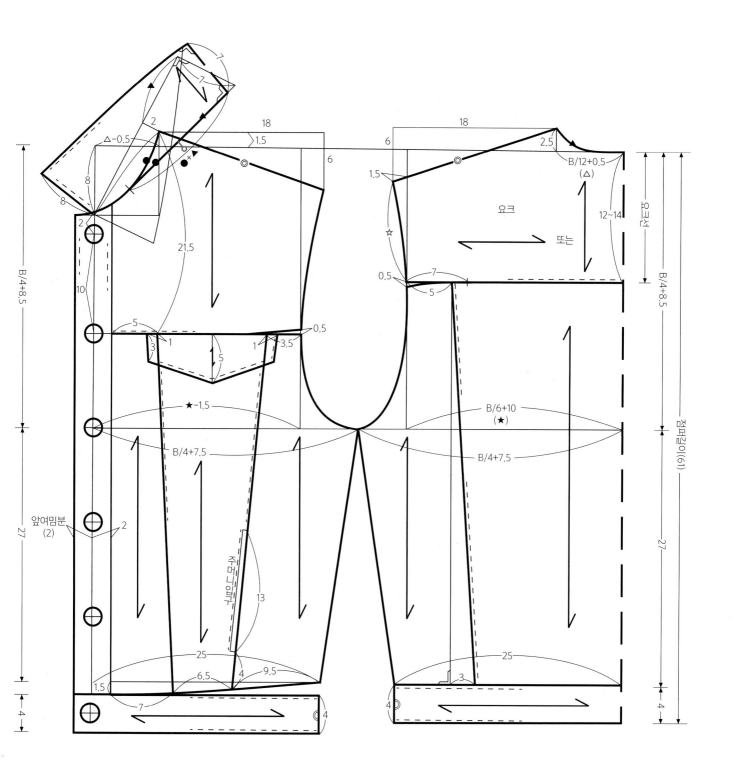

18   18

△-0.5   1.5   6   2.5   B/12+0.5 (△)

2   8   8   2   1.5   6

요크

또는

12~14

요크선

21.5   10   0.5   7   5

B/4+8.5

5   1   3   5   1   3.5   0.5

★-1.5   B/6+10 (★)

B/4+7.5   B/4+7.5

앞여밈분 (2)

2

주머니입부

13

27   점파길이(61)   27

25   25

6.5   4   9.5   3

1.5   7   4   4

4

(1/4 축도)

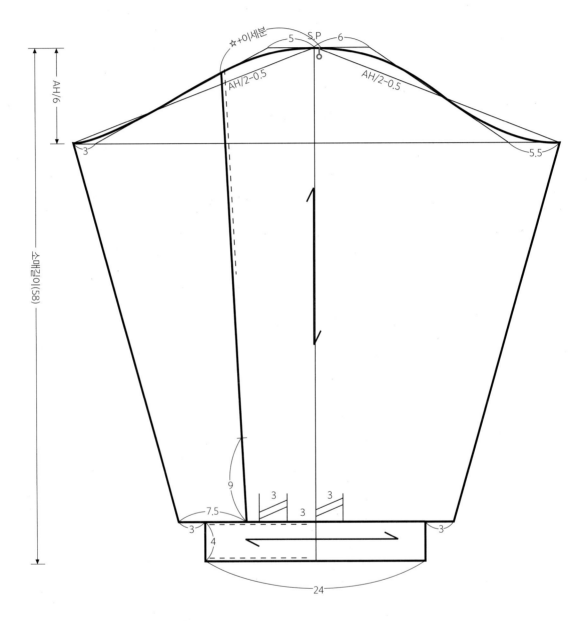

AH/6

소매길이(58)

☆+이세분

5 S.P 6

AH/2-0.5   AH/2-0.5

3   5.5

9

7.5
3   3   3   3   3
4
24

(1/4 축도)

4. 패딩점퍼

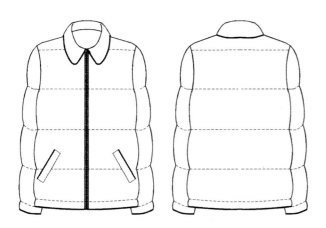

(단위 : cm)

부위	신체 치수	제품 치수
가슴둘레	86	116
허리둘레	66	116
엉덩이둘레	92	116
점퍼길이		65
소매길이		59

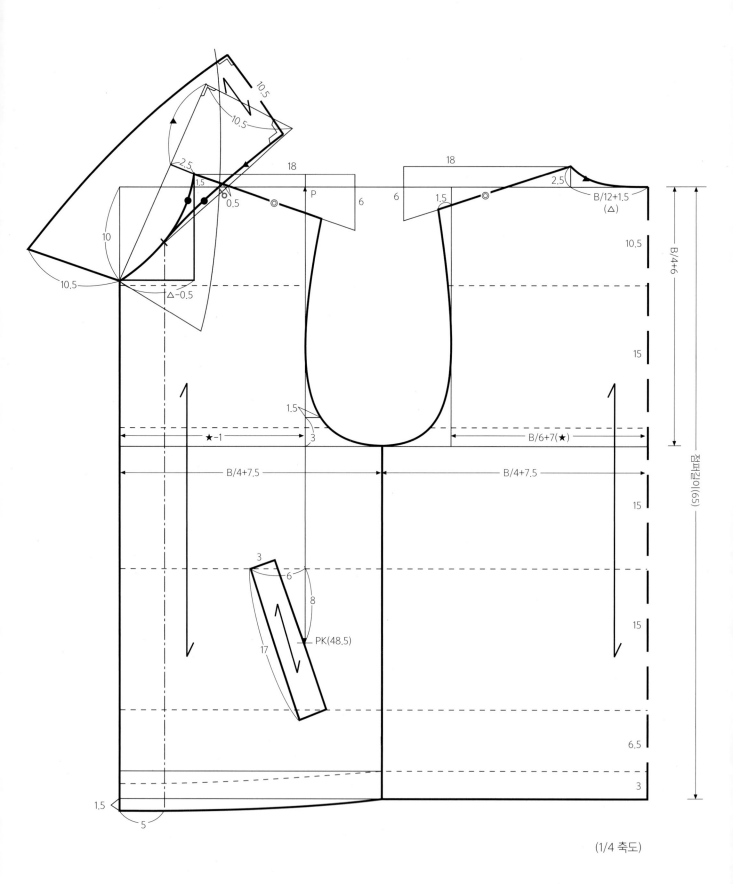

(1/4 축도)

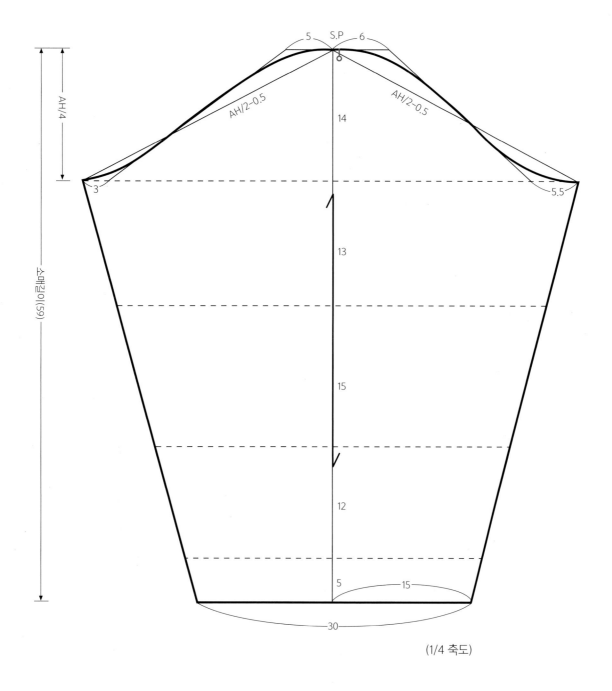

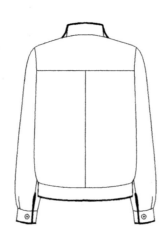

(단위 : cm)

부위	신체 치수	제품 치수
가슴둘레	86	116
허리둘레	66	
엉덩이둘레	92	
점퍼길이		61
소매길이		58

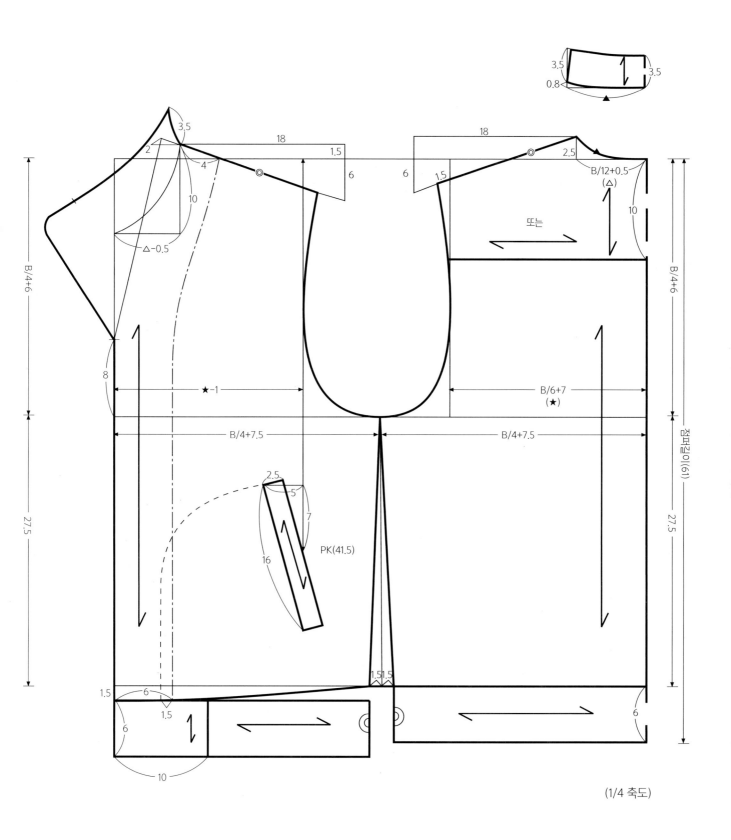

3.5
0.8
3.5
▲

3.5
2
4
18
1.5
6
6
1.5
18
2.5
10
B/12+0.5
(△)
10
△−0.5
또는
◎
◎
B/4+6
8
★−1
B/6+7
(★)
B/4+6
B/4+7.5
B/4+7.5
정파길이(61)
27.5
27.5
2.5
5
7
16
PK(41.5)
1.5 1.5
1.5
6
1.5
6
6
10
6

(1/4 축도)

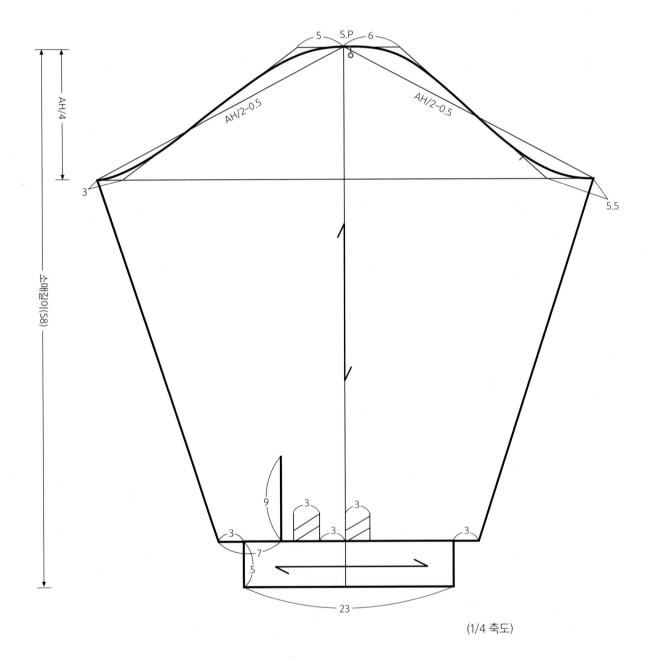

5 — S.P — 6

AH/2-0.5

AH/2-0.5

AH/4

소매길이(58)

3

5.5

9

3

3

3

3

3

3

7

5

23

(1/4 축도)

(단위 : cm)

부위	신체 치수	제품 치수
가슴둘레	86	106
허리둘레	66	92
엉덩이둘레	92	106
사파리 길이		72
소매길이		58

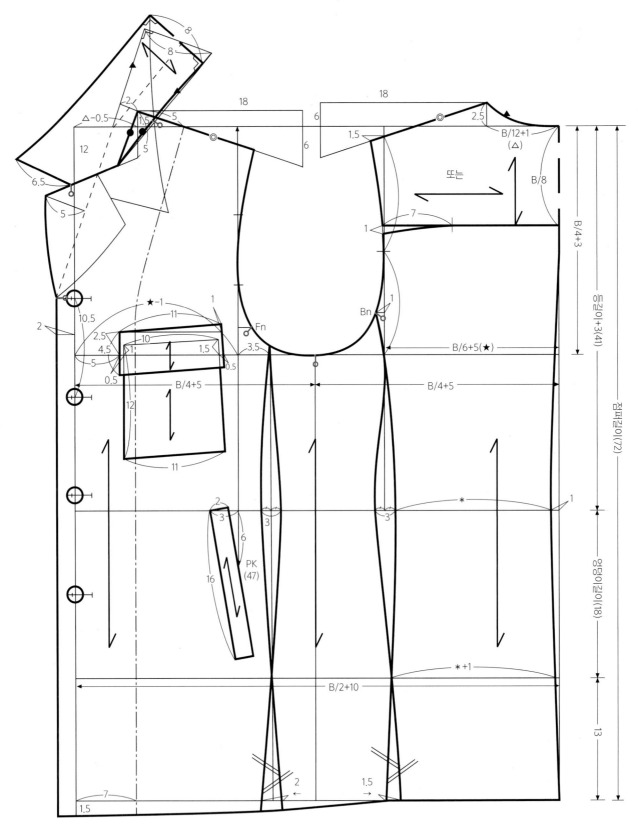

(1/4 축도)

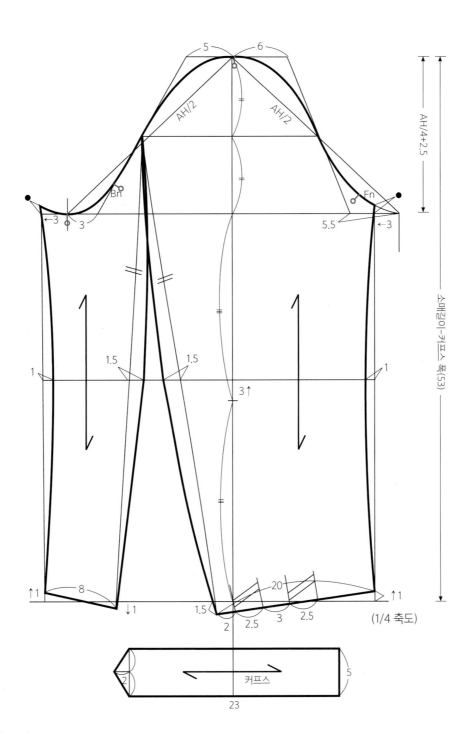

5 6

AH/2 AH/2

AH/4+2.5

Bn Fn

←3 3 5.5 ←3

소매길이-커프스 폭(53)

1 1.5 1.5 1

3↑

↑1 8 20 ↑1

↓1 1.5 2.5 3 2.5

2

(1/4 축도)

커프스

2 5

23

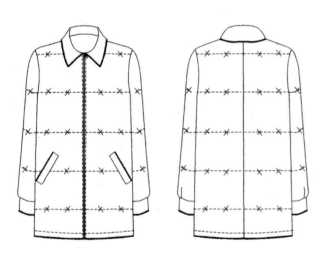

(단위 : cm)

부위	신체 치수	제품 치수
가슴둘레	86	116
허리둘레	66	116
엉덩이둘레	92	116
사파리 길이		72
소매길이		59

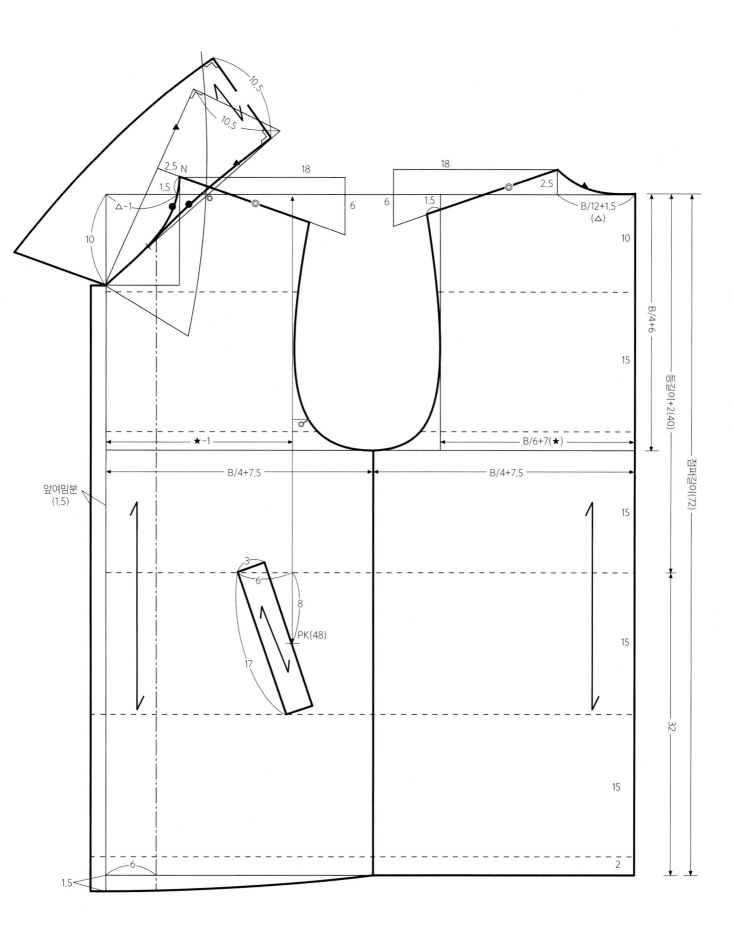

앞여밈분
(1.5)

10.5
10.5
2.5 N
1.5
△-1
10
18
6
6
18
1.5
2.5
B/12+1.5
(△)
10

B/4+6

등길이+2(40)

전파길이(72)

15

★-1

B/6+7(★)

B/4+7.5
B/4+7.5

15

15

3
6
8
PK(48)
17

15

15

32

2

1.5
6

(1/4 축도)

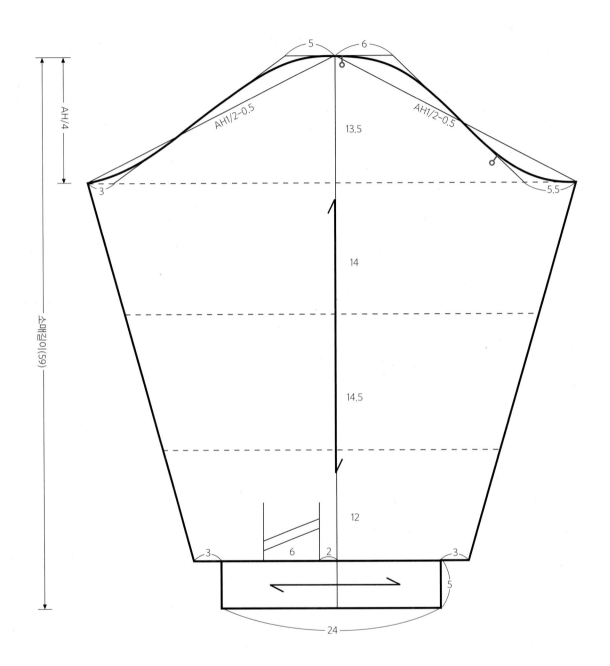

(1/4 축도)

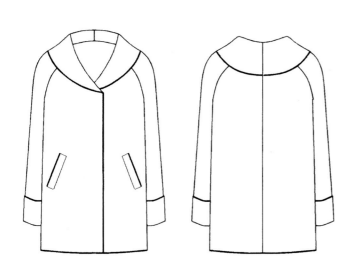

(단위 : cm)

부위	신체 치수	제품 치수
가슴둘레	86	116
허리둘레	66	116
엉덩이둘레	92	116
사파리 길이		72
소매길이		58

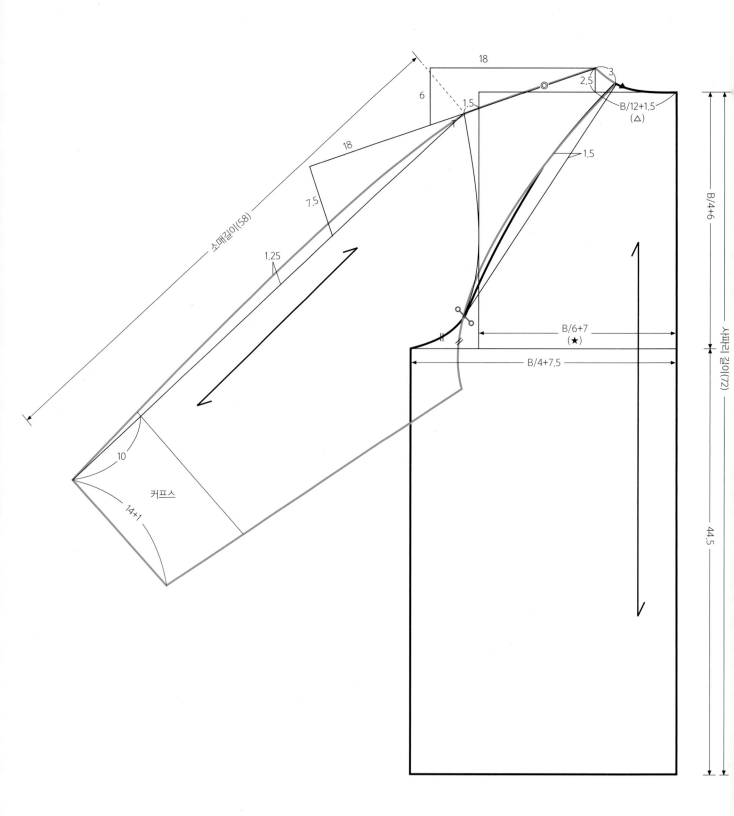

18

6

18

소매길이(58)

7.5

1.25

1.5

2.5

3

B/12+1.5
(△)

1.5

◎

B/4+6

소파리 길이(72)

B/6+7
(★)

B/4+7.5

44.5

10

커프스

14+1

(1/4 축도)

(1/4 축도)

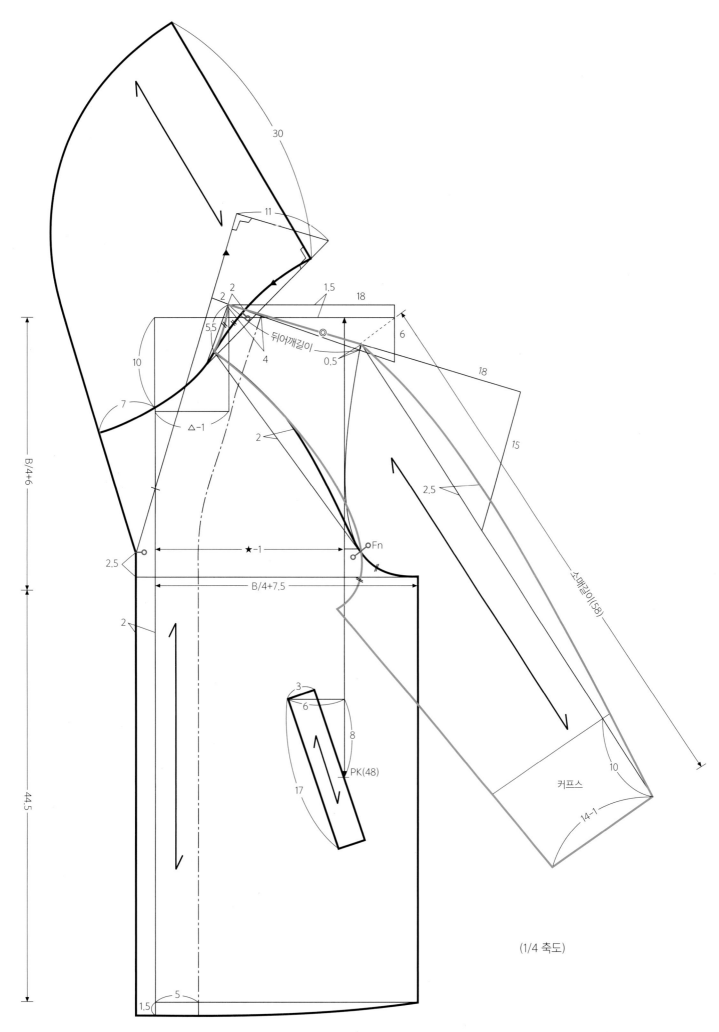

뒤어깨길이

★-1

B/4+6

44.5

B/4+7.5

2.5

△-1

소매길이(58)

커프스

PK(48)

(1/4 축도)

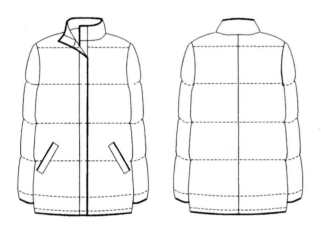

(단위 : cm)

부위	신체 치수	제품 치수
가슴둘레	86	116
허리둘레	66	116
엉덩이둘레	92	116
사파리 길이		72
소매길이		59

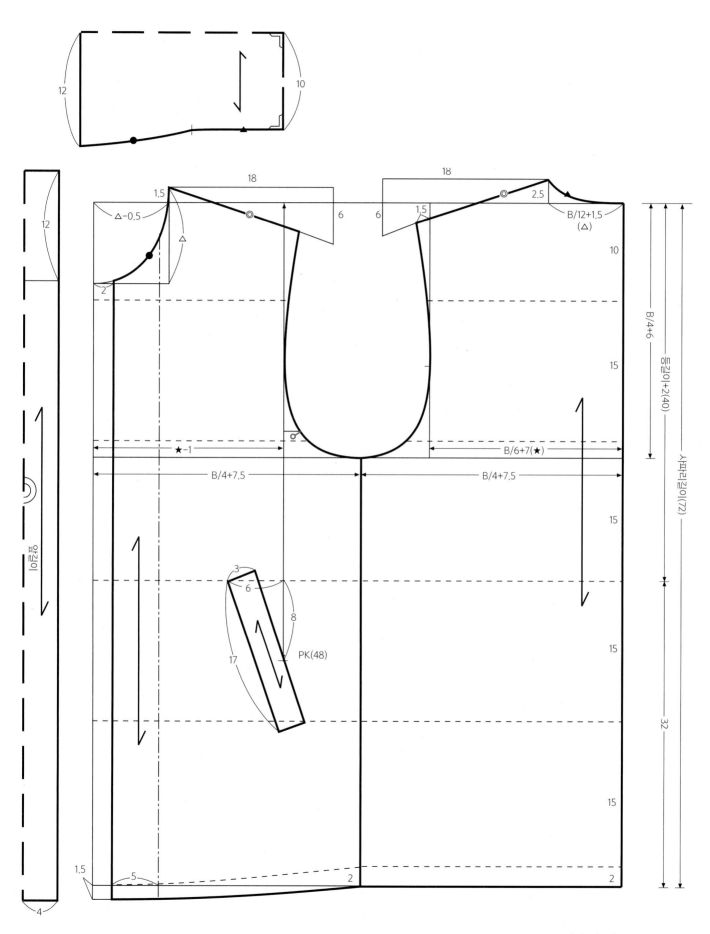

(1/4 축도)

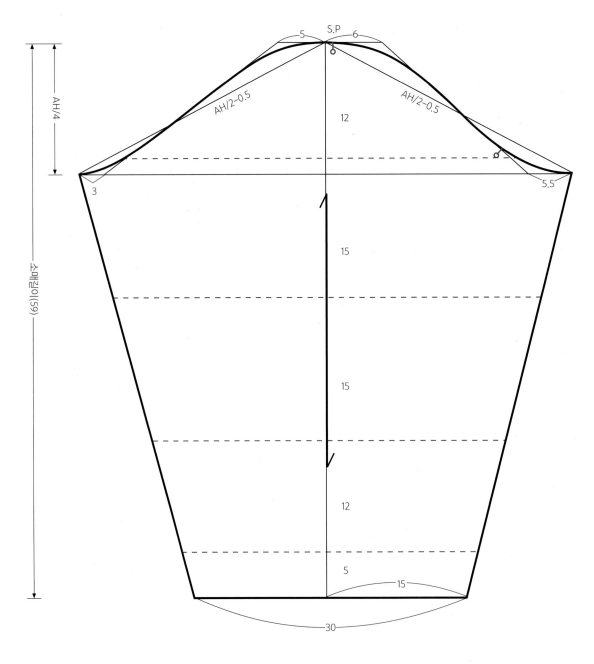

S,P

5   6

AH/2-0.5   AH/2-0.5

12

3   5.5

15

15

12

5

15

30

AH/4

수매길이(59)

(1/4 축도)

(단위 : cm)

부위	신체 치수	제품 치수
가슴둘레	86	110
허리둘레	66	110
엉덩이둘레	92	110
사파리 길이		70
소매길이		58

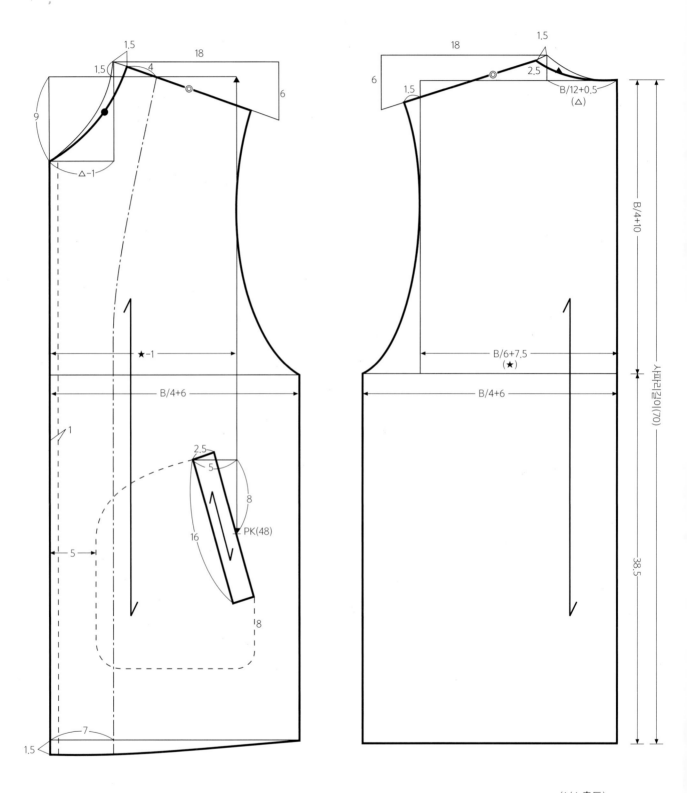

(1/4 축도)

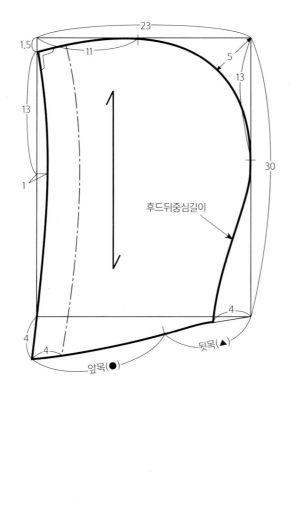

후드뒤중심길이

후드뒤중심길이

(1/4 축도)

앞목(●)

뒷목(▲)

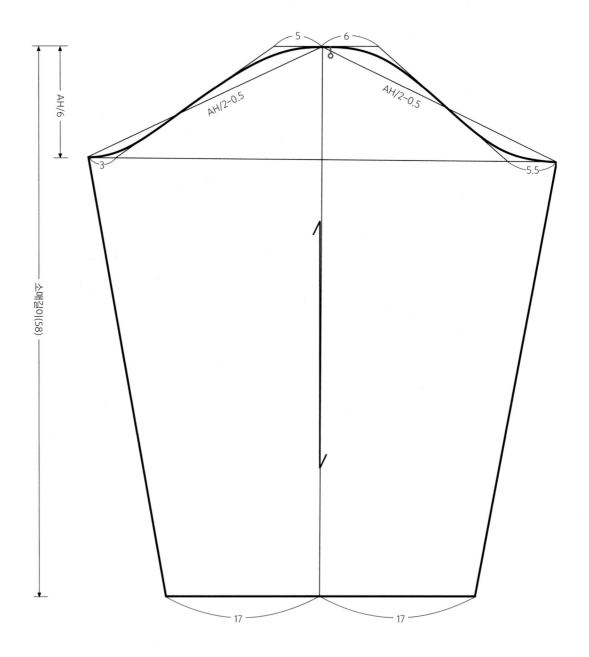

AH/6

수매길이(58)

5

6

AH/2-0.5

AH/2-0.5

3

5.5

17

17

(1/4 축도)

제5장 코트

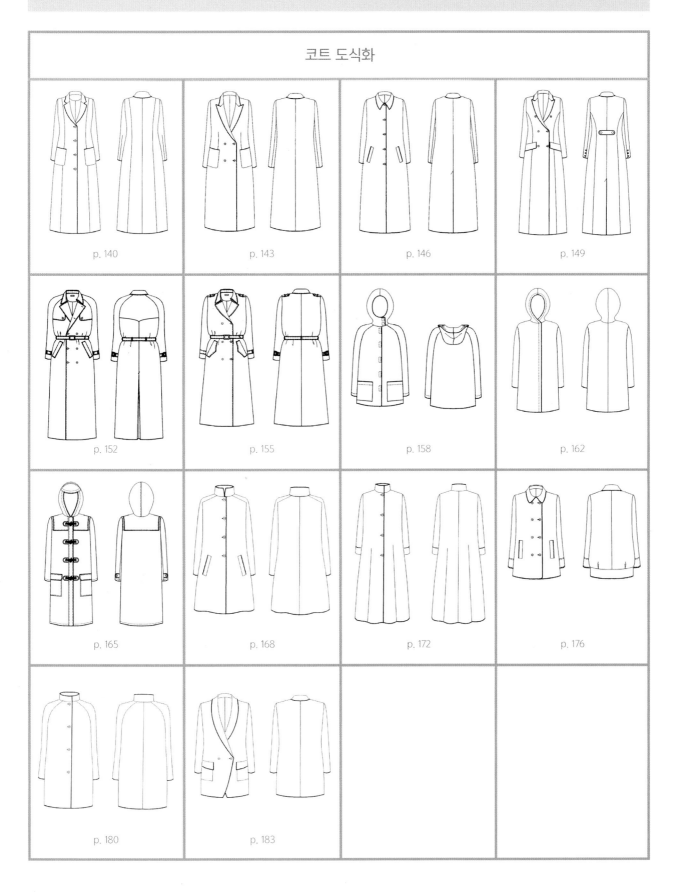

코트 도식화	

p. 140

p. 143

p. 146

p. 149

p. 152

p. 155

p. 158

p. 162

p. 165

p. 168

p. 172

p. 176

p. 180

p. 183

1. 테일러드칼라 프린세스라인 코트

(단위 : cm)

부위	신체 치수	제품 치수
가슴둘레	86	96
허리둘레	66	72
엉덩이둘레	92	98
코트길이		110
소매길이		58

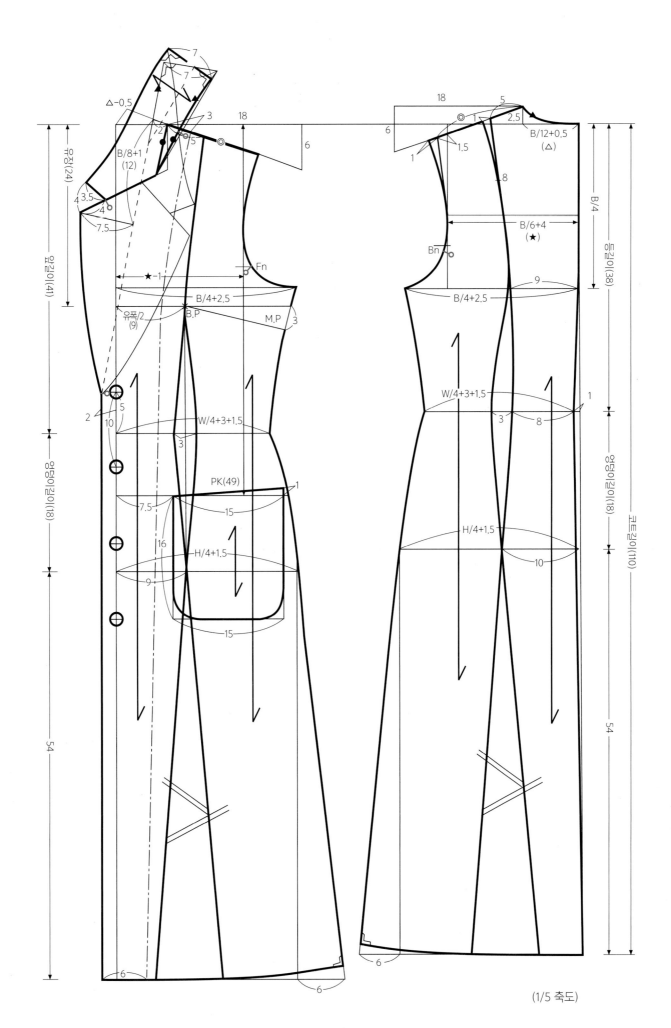

(1/5 축도)

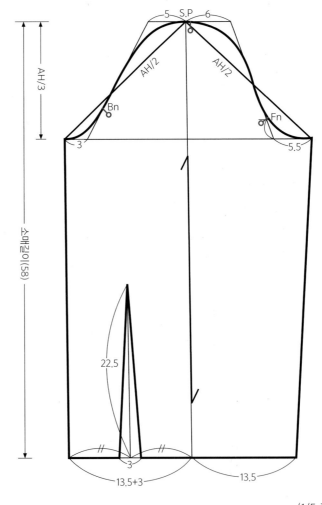

(1/5 축도)

2. 피크드 라펠 A라인 코트

(단위 : cm)

부위	신체 치수	제품 치수
가슴둘레	86	100
허리둘레	66	
엉덩이둘레	92	
코트길이		100
소매길이		59

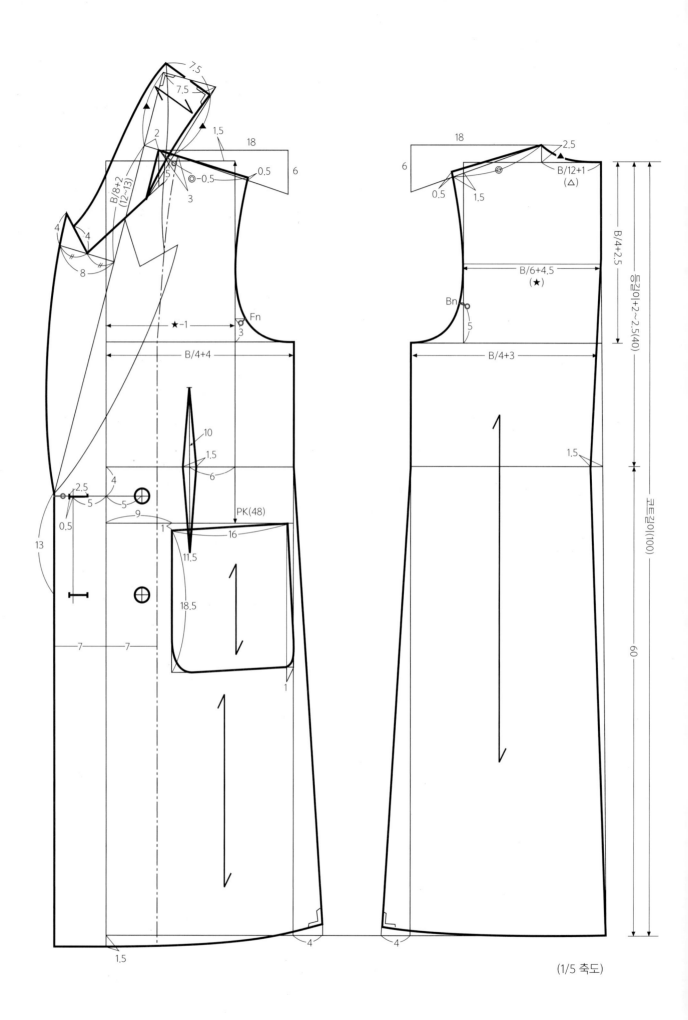

(1/5 축도)

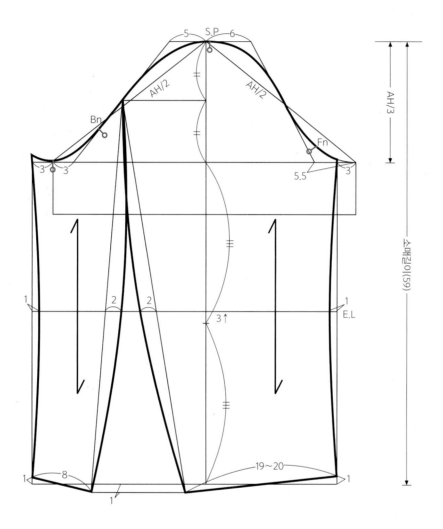

(1/5 축도)

(단위 : cm)

부위	신체 치수	제품 치수
가슴둘레	86	100
허리둘레	66	
엉덩이둘레	92	
코트길이		104
소매길이		58

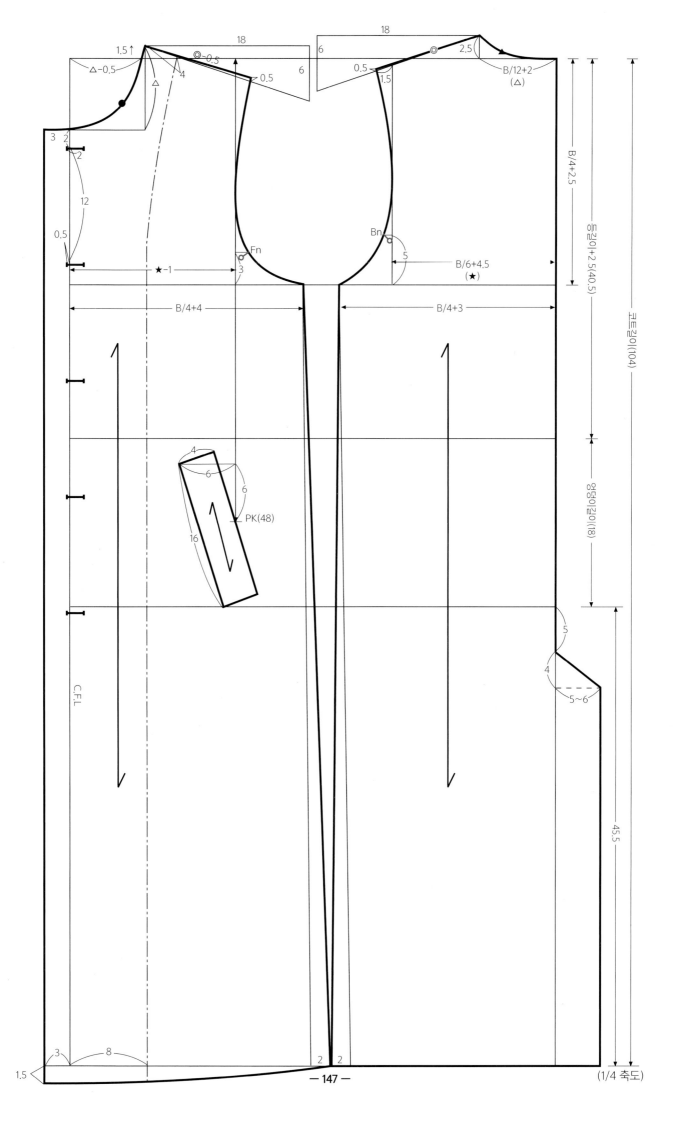

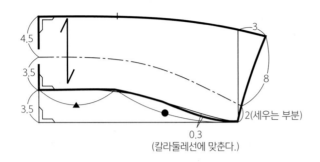

4.5

3.5

3.5

3

8

2(세우는 부분)

0.3
(칼라둘레선에 맞춘다.)

(1/4 축도)

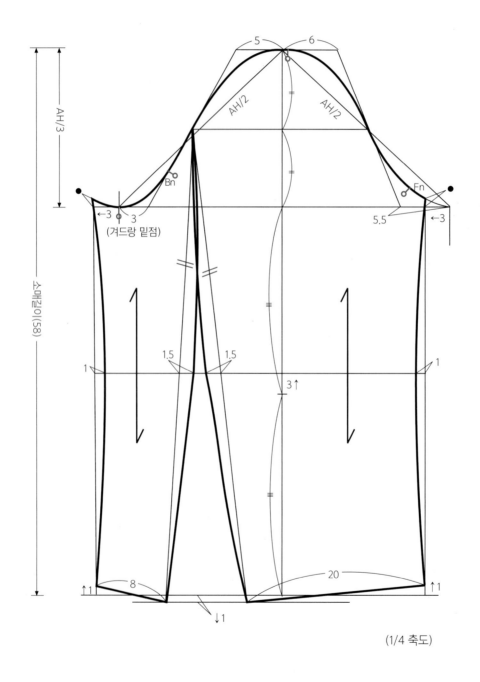

5

6

AH/3

AH/2

AH/2

Bn

Fn

←3

3
(겨드랑 밑점)

5.5

←3

소매길이(58)

1.5

1.5

1

3↑

1

↑1

8

20

↑1

↓1

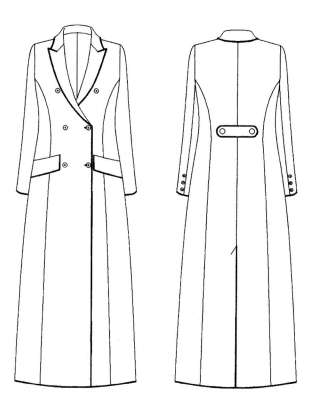

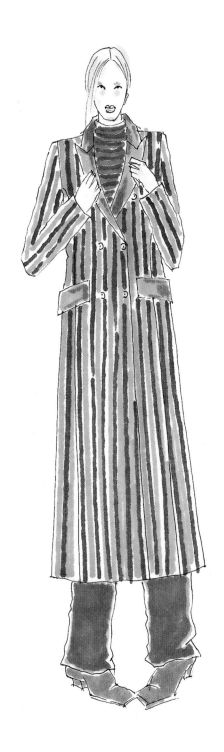

(단위 : cm)

부위	신체 치수	제품 치수
가슴둘레	86	98
허리둘레	66	87
엉덩이둘레	92	100
코트길이		125
소매길이		59

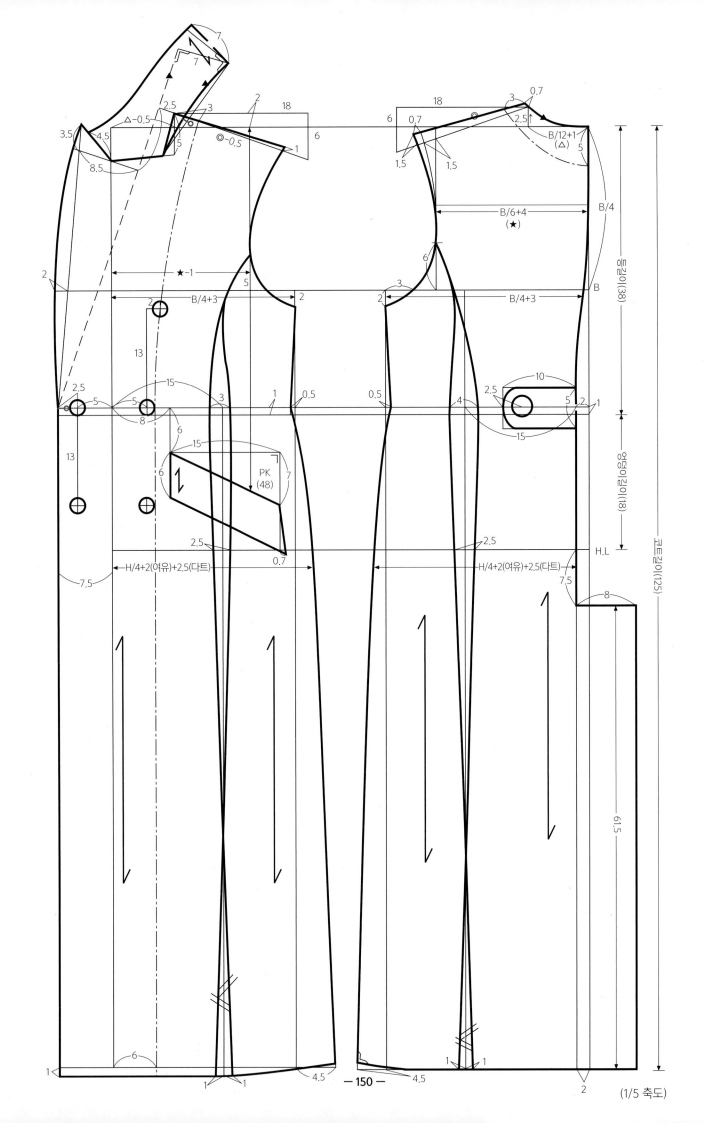

(1/5 축도)

AH = 50

소매산 = AH/3

소매길이=59

소매부리=29

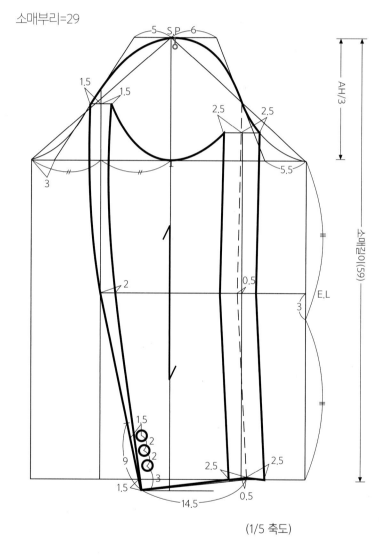

(1/5 축도)

(단위 : cm)

부위	신체 치수	제품 치수
가슴둘레	86	106
허리둘레	66	
엉덩이둘레	92	
코트길이		120
소매길이		59

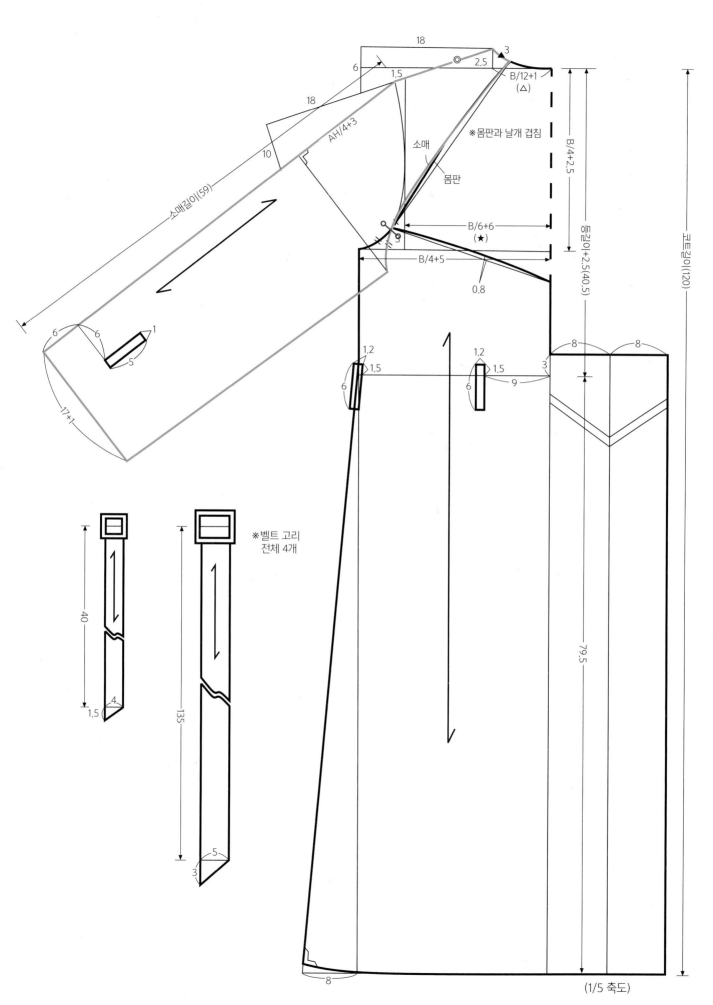

18

6

1.5

18

10

AH/4+3

소매길이(59)

6

6

1

5

17+1

2.5

◎

3

B/12+1
(△)

※몸판과 날개 겹침

소매

몸판

B/4+2.5

밑길이+2.5(40.5)

코트길이(120)

B/6+6
(★)

B/4+5

0.8

1.2

1.5

6

1.2

1.5

6

9

3

8

8

79.5

40

4

1.5

135

5

3

※벨트 고리
전체 4개

8

(1/5 축도)

— 153 —

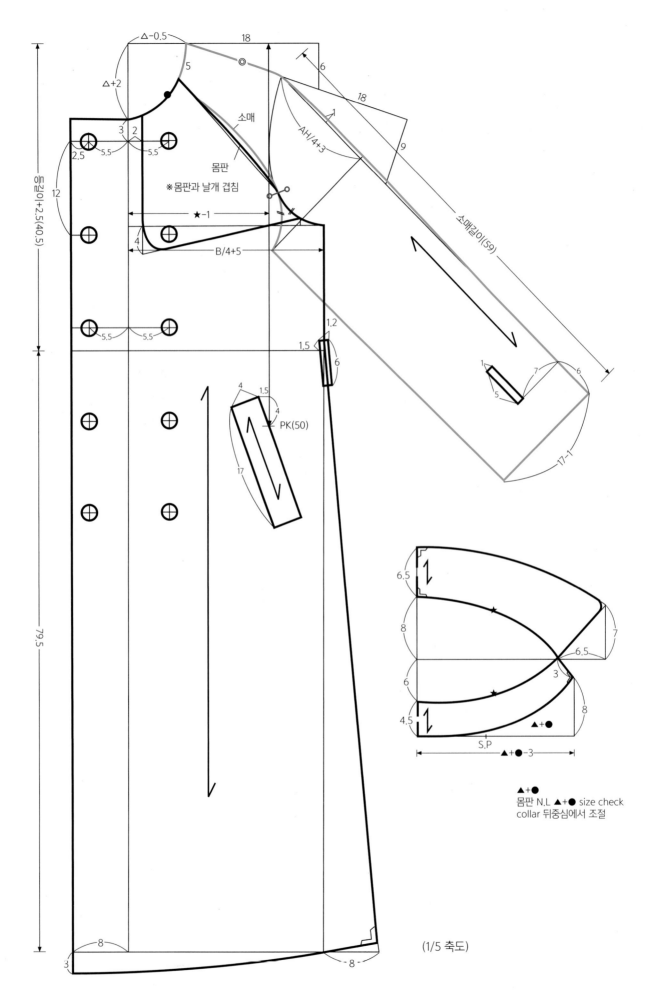

△-0.5

18

△+2

5

6

소매

18

몸판

AH/4+3

※몸판과 날개 겹침

9

3 2

2.5 5.5 5.5

소매길이(59)

12

★-1

4

B/4+5

1.2

1.5 6

5.5 5.5

17-1

1 5

7 6

4 1.5

4

17

PK(50)

등길이(+2.5(40.5)

79.5

6.5

1

8

7

6

6.5

3

4.5

1

8

S.P

▲+●-3

▲+●

몸판 N.L ▲+● size check

collar 뒤중심에서 조절

8

3

8

(1/5 축도)

6. 나폴레옹칼라 바바리 코트

(단위 : cm)

부위	신체 치수	제품 치수
가슴둘레	86	100
허리둘레	66	
엉덩이둘레	92	
코트길이		106
소매길이		58

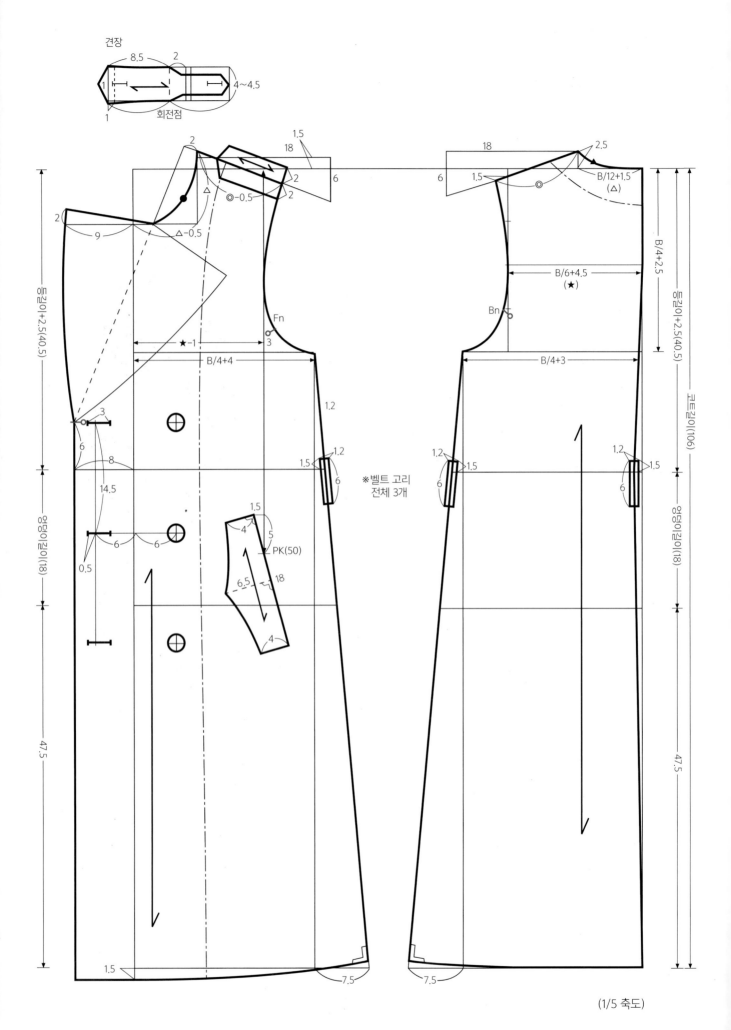

견장

8.5 2

1

회전점

4~4.5

1.5
18
2
◎ -0.5
2
2
6

2
△
●
9
△ -0.5

Fn
3
★ -1
B/4+4

3
6
8
14.5
6
6
0.5

1.5
4
5
PK(50)
6.5 18
4

1.2
1.2
1.5 6

※벨트 고리
전체 3개

등길이+2.5(40.5)
엉덩이길이(18)
47.5

1.5
7.5

18
2.5
6 1.5
B/12+1.5
(△)

B/4+2.5

B/6+4.5
(★)

Bn
B/4+3

1.2
1.5
6

1.2
1.5
6

등길이+2.5(40.5)
엉덩이길이(18)
47.5

코트길이(106)

7.5

(1/5 축도)

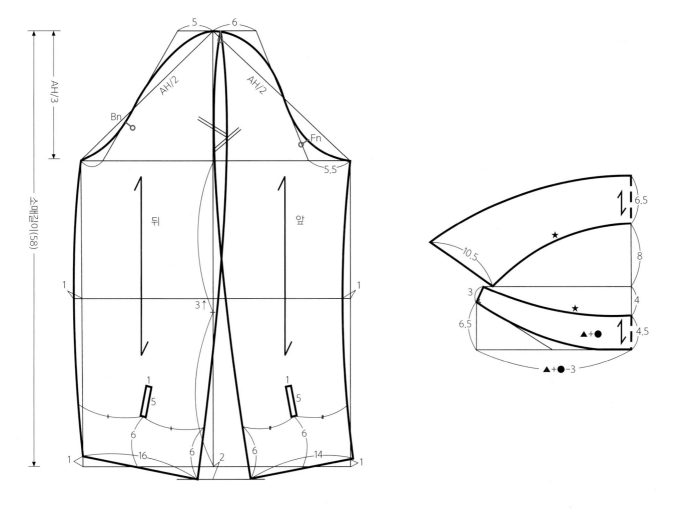

뒤
앞

AH/3
소매길이(58)

Bn
Fn

AH/2
AH/2

5   6
5.5

1
1

1
5

1
5

6
6

6
6

1   16   6   2   6   14   1

10.5
6.5
8
3   4
6.5   4.5
★
★
▲+●
▲+●-3

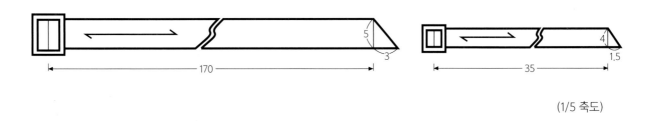

170
5
3

35
4
1.5

(1/5 축도)

(단위 : cm)

부위	신체 치수	제품 치수
가슴둘레	86	110
허리둘레	66	
엉덩이둘레	92	
코트길이		72
소매길이		58

기본선

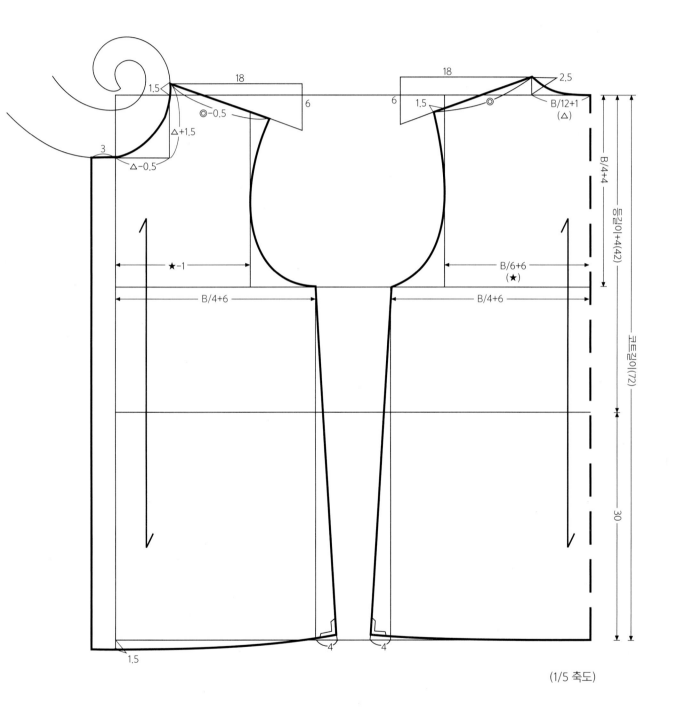

18　　　　18

1.5　　　　　　　　　　　　　2.5

◎−0.5　　　　　6　　　6　　1.5　　　◎

△+1.5

3　　　　　　　　　　　　　　B/12+1
(△)

△−0.5

★−1　　　　B/6+6
(★)

B/4+6　　　　B/4+6

B/4+4

등길이+4(42)

코트길이(72)

30

1.5

4　　4

(1/5 축도)

뒤판 소매

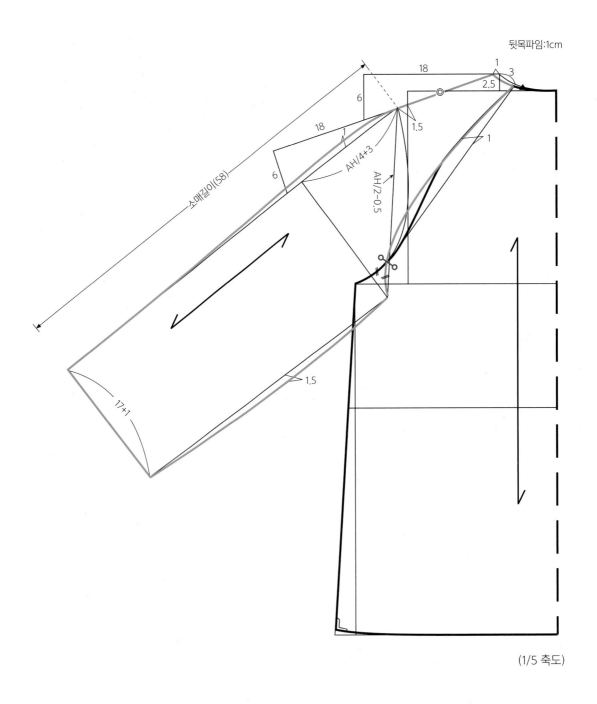

뒷목파임:1cm

18

1

3

2.5

6

1.5

18

1

6

AH/4+3

AH/2-0.5

소매길이(58)

1.5

17+1

앞판 소매·후드

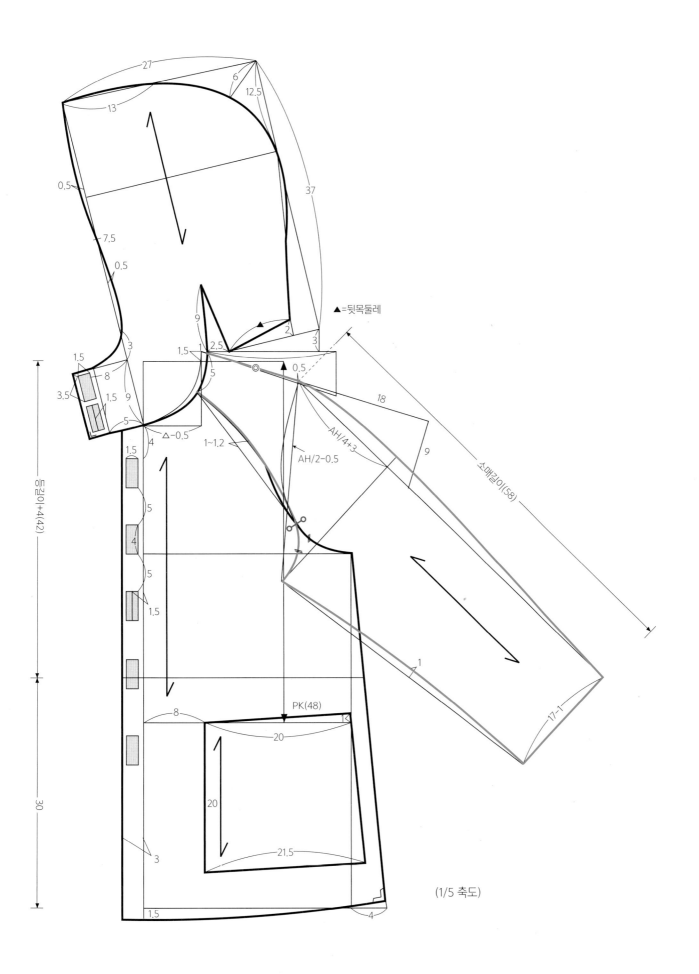

▲ =뒷목둘레

AH/4+3

AH/2-0.5

1~1.2

△-0.5

소매길이(58)

등길이+4(42)

PK(48)

(1/5 축도)

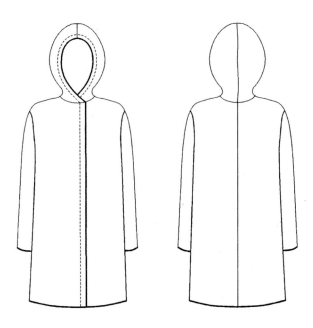

(단위 : cm)

부위	신체 치수	제품 치수
가슴둘레	86	96
허리둘레	66	
엉덩이둘레	92	
코트길이		83
소매길이		53

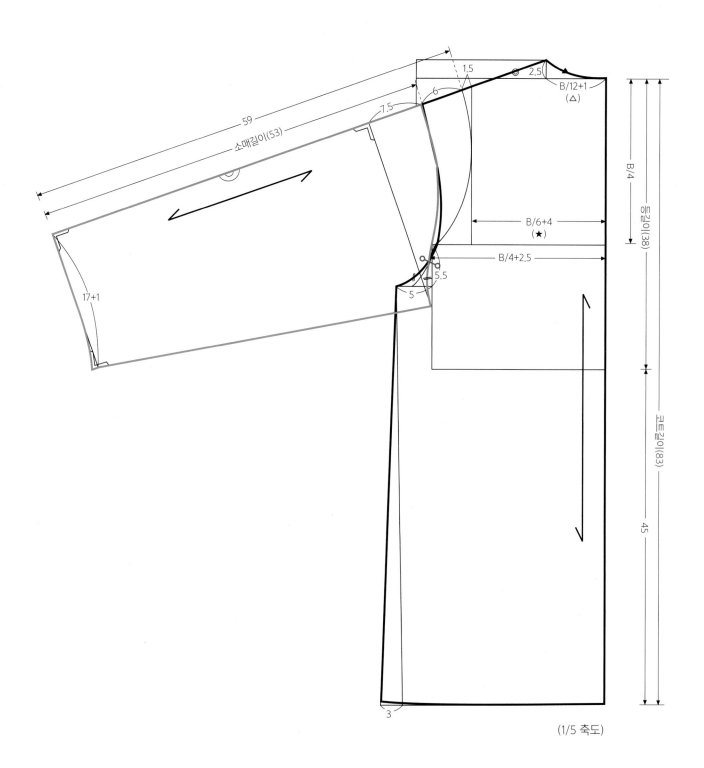

(1/5 축도)

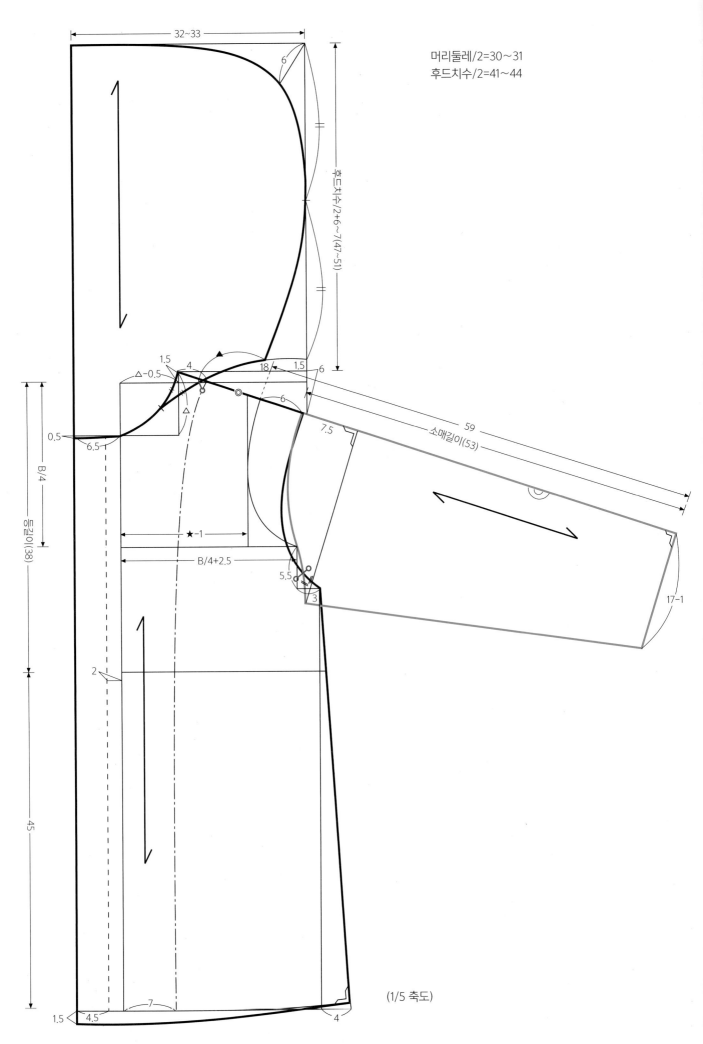

머리둘레/2=30~31
후드치수/2=41~44

32~33

6

후드치수/2+6~7(47~51)

1.5
4
18
1.5
6
△-0.5
6
0.5
6.5
7.5
소매길이(53)
59
B/4
등길이(38)
★-1
B/4+2.5
5.5
3
17-1
2
45
1.5 4.5
7
4

(1/5 축도)

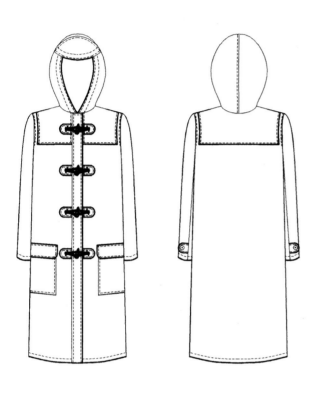

(단위 : cm)

부위	신체 치수	제품 치수
가슴둘레	86	110
허리둘레	66	110
엉덩이둘레	92	110
코트길이		96
소매길이		59

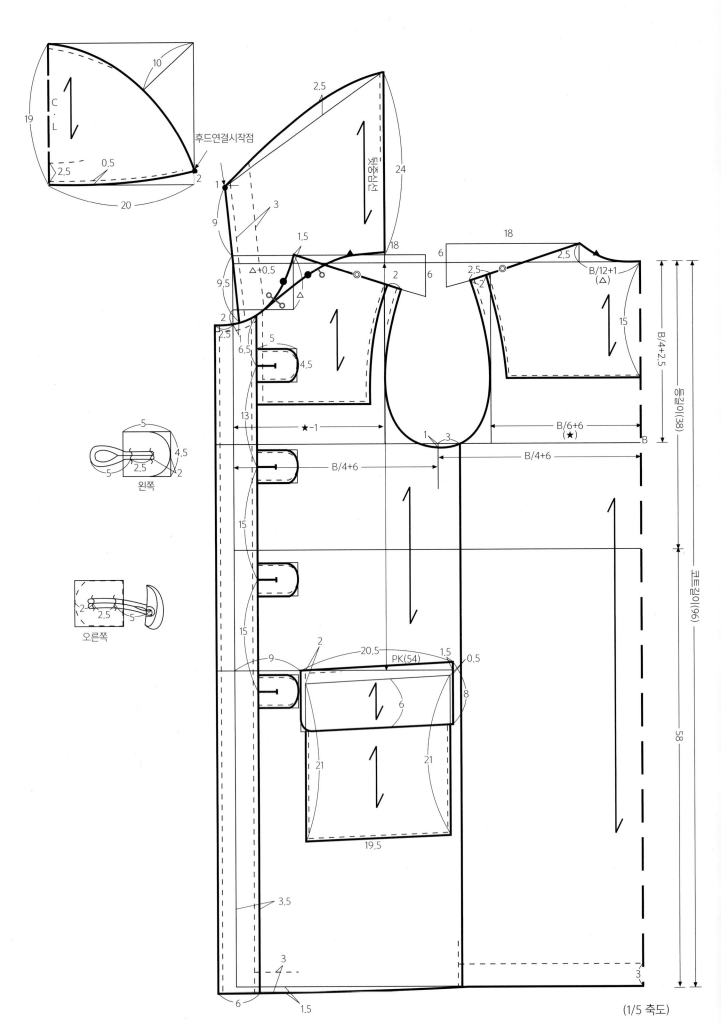

후드연결시작점

왼쪽

오른쪽

PK(54)

C.L

뒷중심선

등길이(38)

B/4+2.5

코트길이(96)

B/12+1
(△)

B/6+6
(★)

B/4+6

B/4+6

△+0.5

★-1

(1/5 축도)

소매길이=59
소매산높이=AH/4+2
AH=52(앞AH=25, 뒤AH=27)
이세=0.5cm

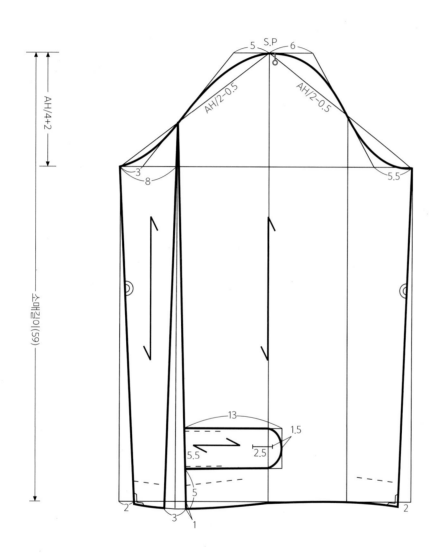

(1/5 축도)

10. 에폴렛 슬리브 A라인 반코트

(단위 : cm)

부위	신체 치수	제품 치수
가슴둘레	86	100
허리둘레	66	
엉덩이둘레	92	
코트길이		75
소매길이		58

라글란 2장소매(AH/4+3)

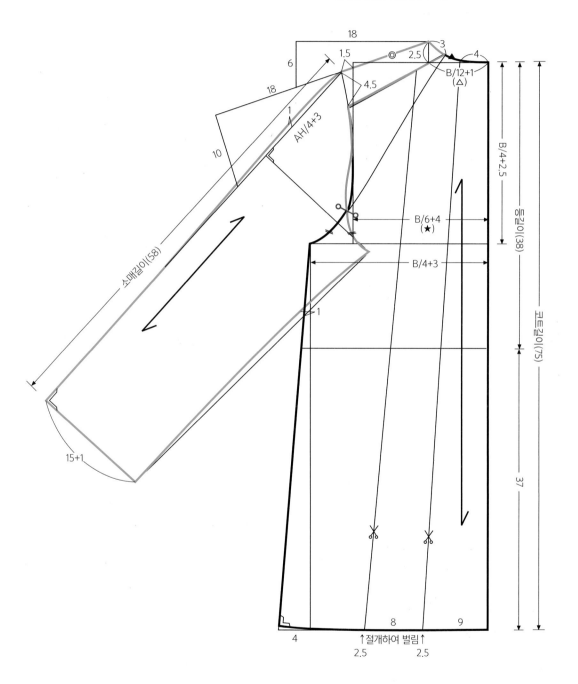

(1/5 축도)

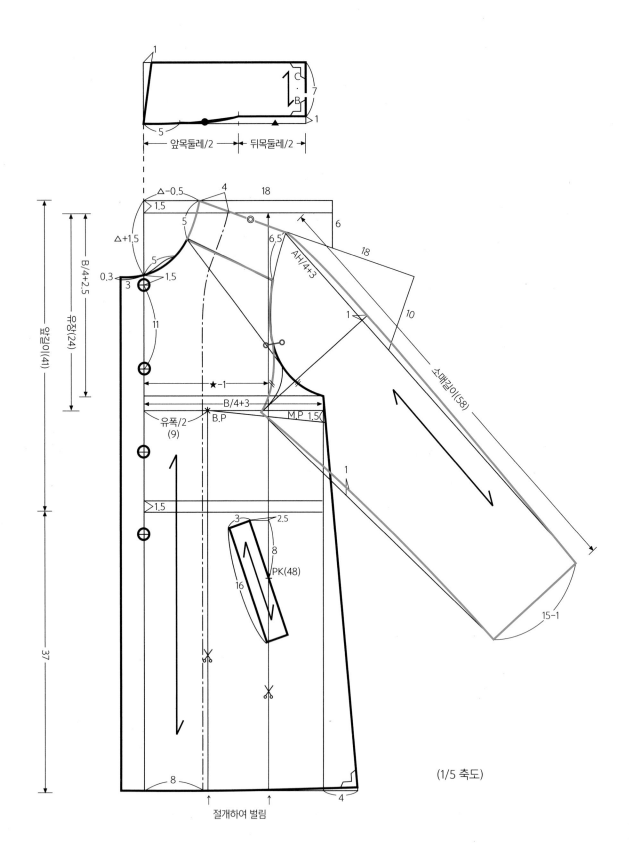

앞목둘레/2   뒤목둘레/2

△-0.5   4   18
1.5
△+1.5   5   6.5   6
5   ◎   AH/4+3   18
0.3   3   1.5   10
11   1
★-1   소매길이(58)
B/4+3   M.P 1.5
유폭/2   B.P   1
(9)
1.5
3   2.5
8   15-1
PK(48)
16

B/4+2.5   뒤장(24)   앞길이(41)   37

8
절개하여 벌림   4

(1/5 축도)

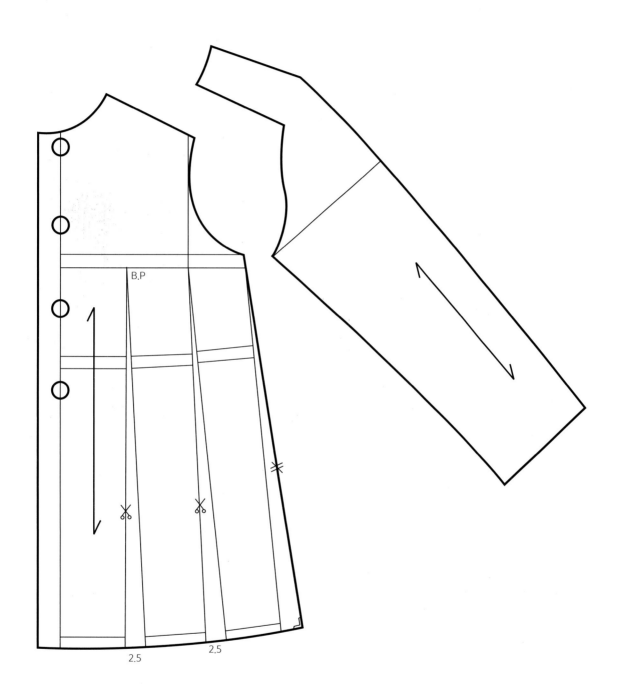

B.P

2.5   2.5

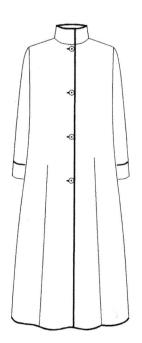 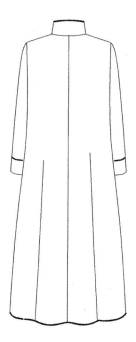

(단위 : cm)

부위	신체 치수	제품 치수
가슴둘레	86	104
허리둘레	66	
엉덩이둘레	92	
코트길이		88
소매길이		58

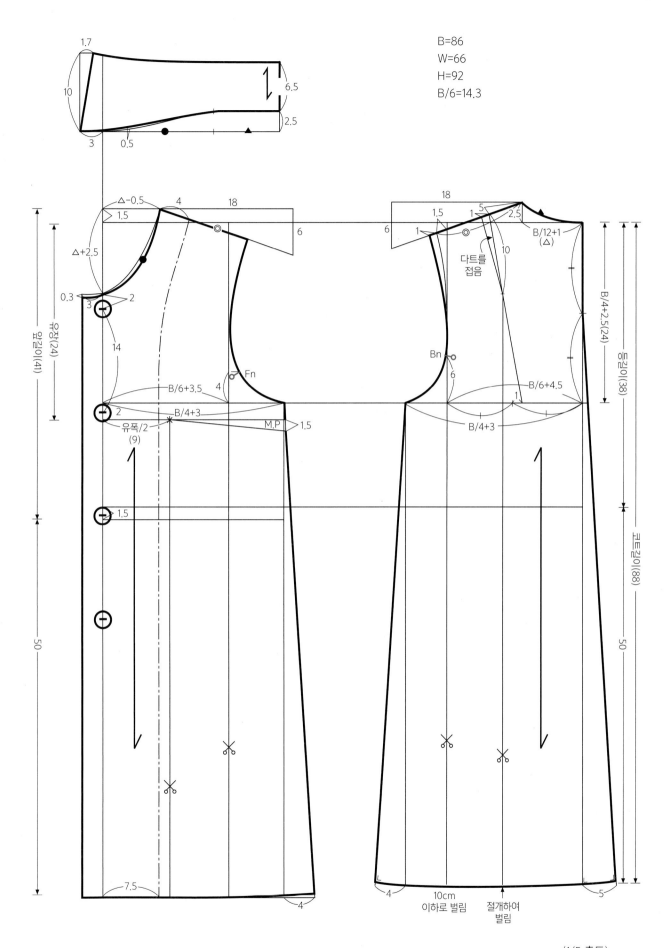

B=86
W=66
H=92
B/6=14.3

(1/5 축도)

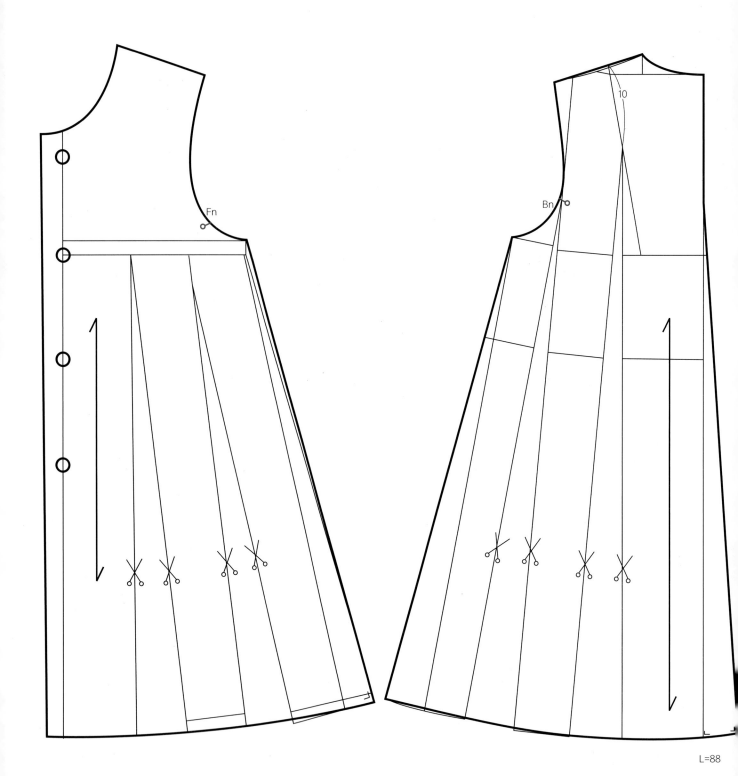

Fn

Bn

10

L=88

소매길이 : 58
소매산 : AH/4+3

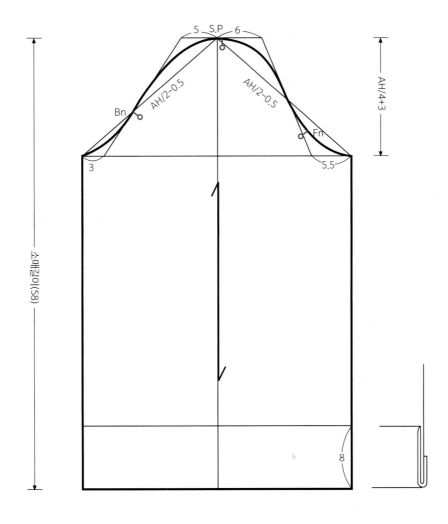

(1/5 축도)

(단위 : cm)

부위	신체 치수	제품 치수
가슴둘레	86	110
허리둘레	66	
엉덩이둘레	92	
코트길이		72
소매길이		58

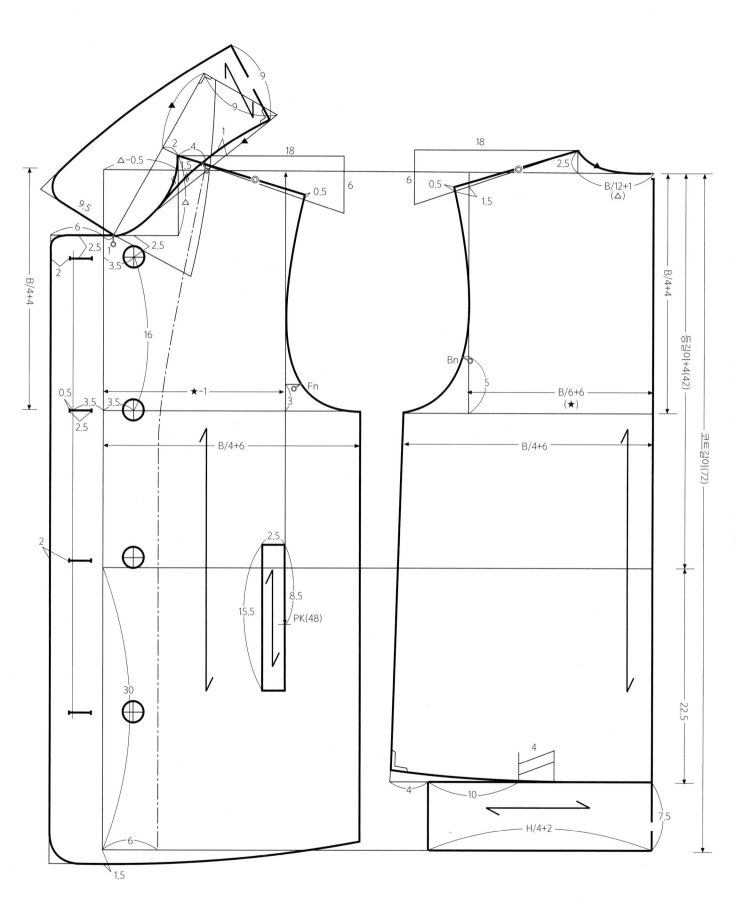

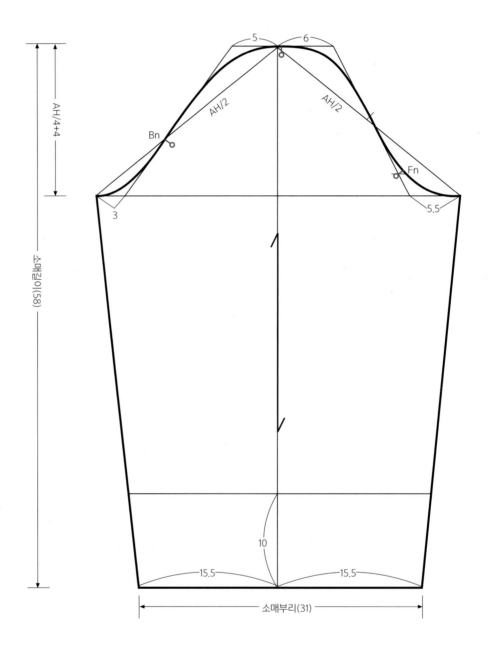

소매길이(58)

AH/4+4

5　6

AH/2　AH/2

Bn

Fn

3　5.5

10

15.5　15.5

소매부리(31)

(1/4 축도)

밴드

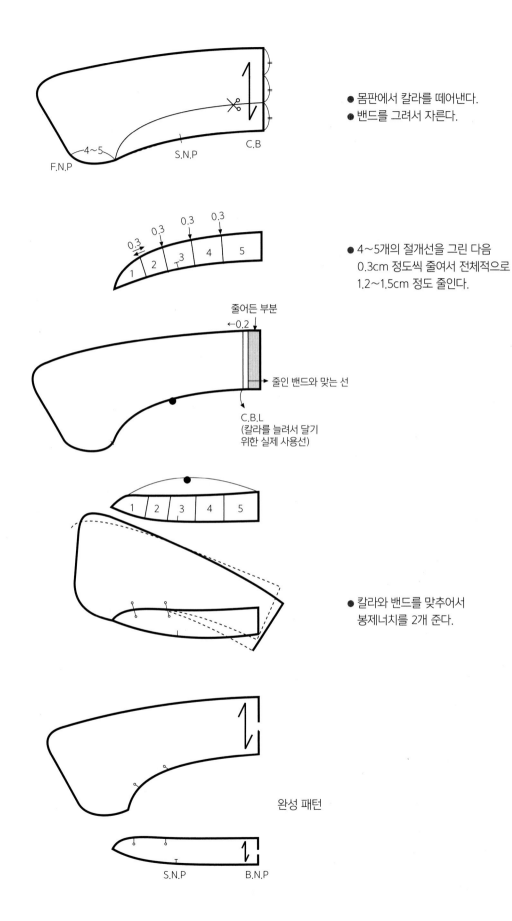

● 몸판에서 칼라를 떼어낸다.
● 밴드를 그려서 자른다.

4~5

F.N.P

S.N.P

C.B

0.3 0.3 0.3 0.3

1 2 3 4 5

● 4~5개의 절개선을 그린 다음
  0.3cm 정도씩 줄여서 전체적으로
  1.2~1.5cm 정도 줄인다.

줄어든 부분

←0.2

줄인 밴드와 맞는 선

C.B.L
(칼라를 늘려서 달기
위한 실제 사용선)

1 2 3 4 5

● 칼라와 밴드를 맞추어서
  봉제너치를 2개 준다.

완성 패턴

S.N.P   B.N.P

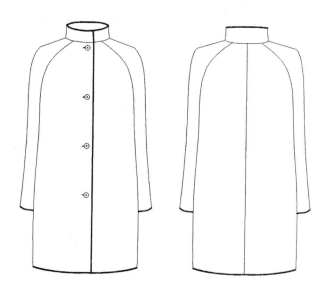

(단위 : cm)

부위	신체 치수	제품 치수
가슴둘레	86	110
허리둘레	66	
엉덩이둘레	92	
코트길이		72
소매길이		57

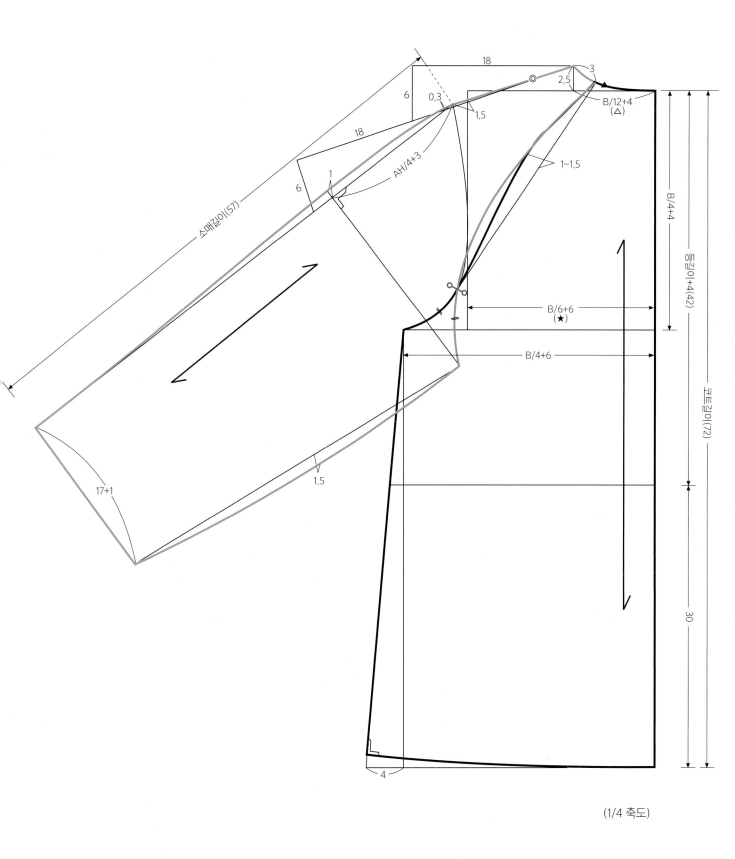

18

6

0.3

1.5

◎

2.5

3

B/12+4
(△)

소매길이(57)

18

6

1

AH/4+3

1~1.5

B/4+4

등길이+4(42)

코트길이(72)

B/6+6
(★)

B/4+6

17+1

1.5

30

4

(1/4 축도)

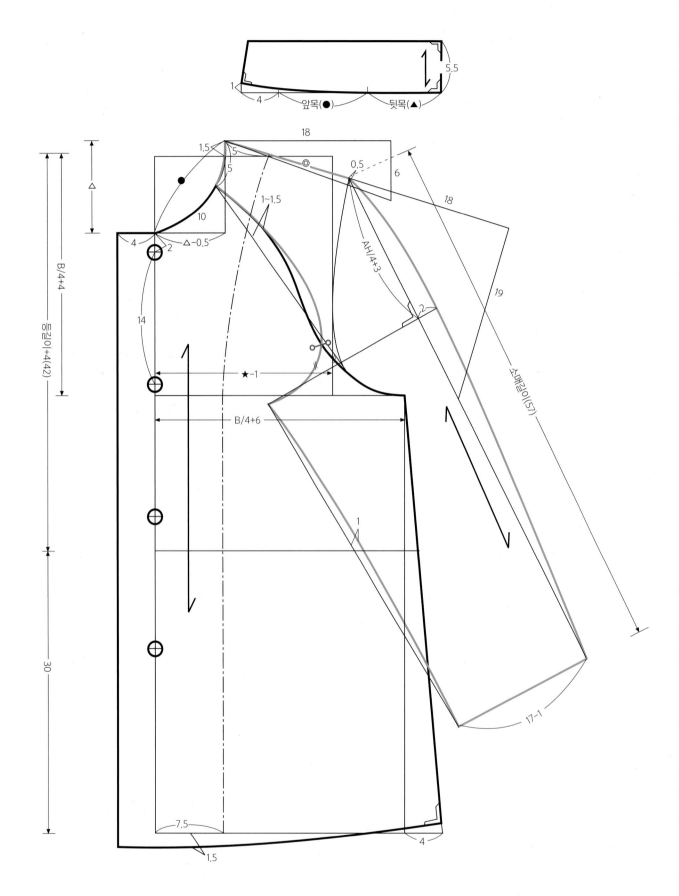

앞목(●)　뒷목(▲)

5.5

1

4

18

1.5

5

5

◎

0.5

6

18

10

1~1.5

19

4

2

△-0.5

AH/4+3

B/4+4

등길이+4(42)

14

2

★-1

B/4+6

소매길이(57)

1

30

7.5

17-1

1.5

4

(1/4 축도)

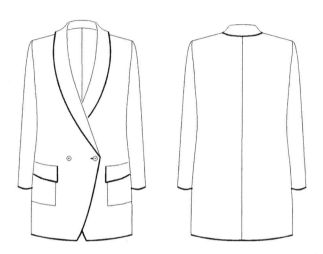

(단위 : cm)

부위	신체 치수	제품 치수
가슴둘레	86	110
허리둘레	66	
엉덩이둘레	92	
코트길이		85
소매길이		52

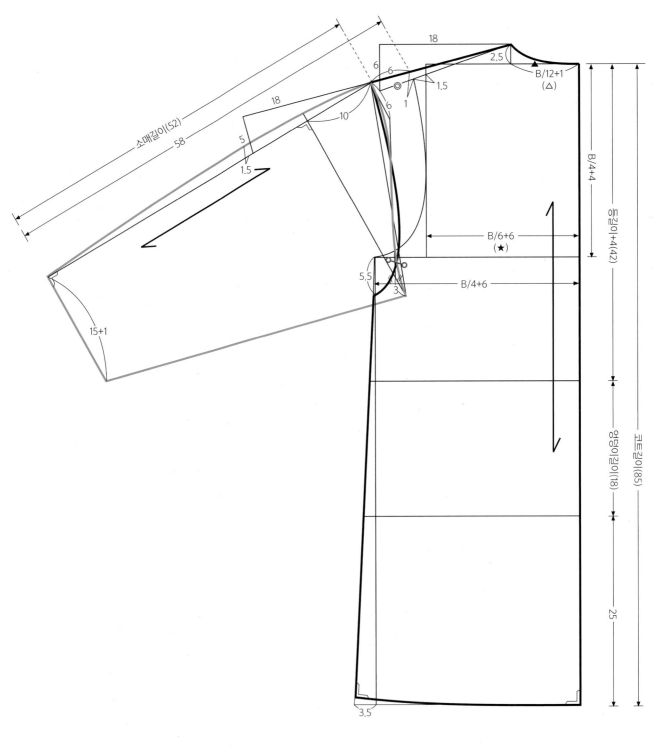

18

2.5

B/12+1
(△)

6

6

◎

1.5

6

1

B/4+4

18

소매길이(52)

58

10

등길이+4(42)

B/6+6
(★)

5

1.5

5.5

3

B/4+6

15+1

엉덩이길이(18)

코트길이(85)

25

3.5

(1/5 축도)

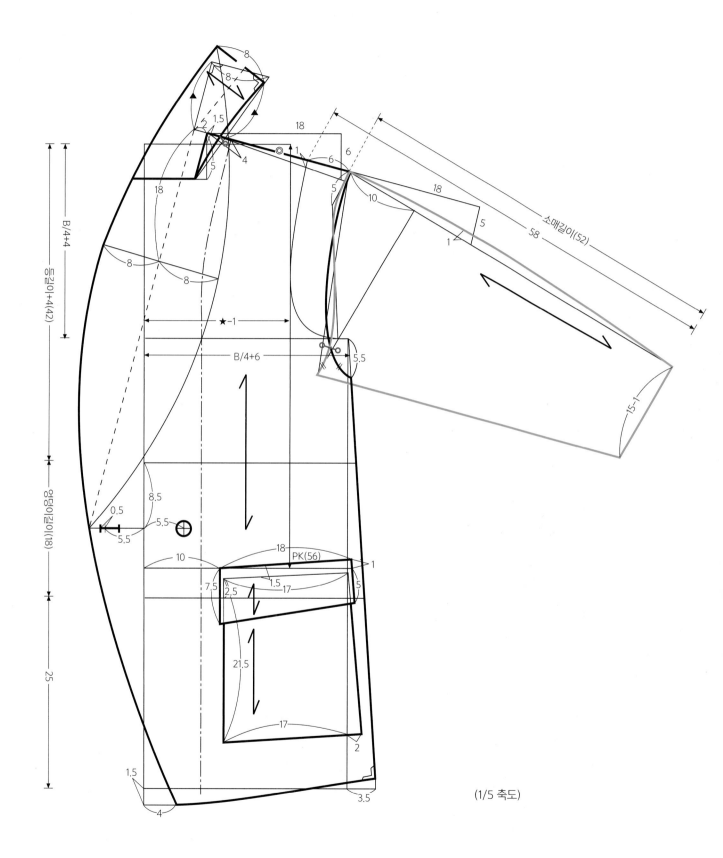

소매길이(52)

58

B/4+4

등길이+4(42)

엉덩이길이(18)

25

18

1

6

6

5

18

5

1

10

2

1.5

1.5

5

4

18

8

8

8

★-1

B/4+6

5.5

0.5

8.5

5.5

5.5

15-1

10

18

PK(56)

1

7.5

2.5

1.5

17

5

21.5

17

2

1.5

4

3.5

(1/5 축도)

JACKET 가봉시 CHECK LIST

작성자(   ) STYLE No. (   ) 20   .   .   .

		체크할 내용	결 과
뒤 부 위	어 깨	● 어깨넓이는 적당한가 ● 어깨높이는 맞는가 ● 어깨 끌림상태는 어떠한가 ● pad 규격 ● pad 부착 상태	
	등	● 등너비는 적당한가 ● AH 부위가 늘어나거나 당기지 않는가	
	허 리	● 허리선 위치는 적당한가 ● 허리 들어감 상태는 적당한가	
		● 뒤가 들뜨거나 붙지는 않는가	
		● 재킷길이는 적당한가	
옆 부 위	소 매	● 소매길이는 적당한가 ● 소매산높이는 몸판 AH에 적합한가 ● 소매 달림상태는 어떠한가 (앞소매, 뒤소매 확인) ● 소매 이세량은 적당한가	
		● 몸판 어깨선의 어깨끝점의 위치설정이 알맞게 되었는가	
		● 몸판 옆선이 수직으로 떨어지는가 (옆선이 앞이나 뒤로 쏠리지 않는지) ● 재킷의 허리부위 여분이 앞뒤로 적당히 배분되었는가	

		● 옆에서 본 밑단이 수평인가
		  (앞이 들렸거나 뒤가 올라가지 않는지
		  의도한 디자인선을 유지하는지 살핀다)	

앞 부 위		● 앞길이는 적당한가	
		● 앞중심선이 틀어지는 않는가 (당기거나 달아나지 않는지) ● 앞부위가 싸이거나 벌어지지 않는가	
		● 어깨부위가 끌리거나 남지 않는가	
	칼 라	● 목너비가 적당한가 ● 칼라의 꺾임선 위치가 적당한가(생성된 V존이 적당한지) ● 칼라의 외곽선이 들뜨거나 당기지 않는가 ● 칼라의 모양이 예쁜가	
		● 단추의 위치나 갯수, 크기는 적당한가	
		● 앞주머니의 크기와 경사 및 위치는 적당한가	
		● 앞처짐 상태는 어떠한가	
		● 몸판과 소매, 칼라, 주머니 등의 원단 결이 맞는가	

JACKET 완성품의 전체적 확인사항

작성자(   ) STYLE No. (   ) 200 . . .

1. 봉탈된 부위는 없는가

2. SIZE 규격은 맞는가

3. 안감의 여유분이 있는가

4. 시접 및 안처리는 깨끗하게 되었는가

5. 완성 다림질 상태는 양호한가

6. 전체적인 실루엣 및 앞뒤 균형은 좋은가

7. 봉제 땀수 및 실의 색상과 규격은 맞는가

8. 단추 및 부자재의 규격은 맞게 사용하였는가

9. 심지 접착상태는 양호한가(접착액이 배어나오지 않는지)

10. 다트의 좌우길이, 칼라의 좌우 프린트 길이는 동일한가

11. 칼라가 돌아가지 않고 정위치에 놓였는가

12. 봉제방법은 맞게 되었는가

13. 무늬 재단은 맞는가

14. 주름 및 셔링 분량과 위치는 적당한가(고르게 처리되었는가)

15. 품질, 메인 라벨은 정위치에 있는가

16. 제품의 구성결과 검토, 작업지시서와 제품상태를 비교 검토한다.